爆笑萌科學
2

不可思議的
人類生活

穴居人、木乃伊埃及貓、象龜……
可愛角色帶你穿梭古今遊歷33國文明

A Day in the Life of a Caveman, a Queen and Everything In Between

麥可・巴菲爾 Mike Barfield、潔斯・布萊德利 Jess Bradley◎著
呂奕欣◎譯

目錄

故事發生在哪裡？ 4

前言 6

古代史 7

直立人 8
尼安德塔人 9
穴居人 10
珍禽異獸 11
真猛瑪象的祕密日記 12
新聞提要 14
農夫 15

車輪 16
史前巨石柱 17
印度河細菌 18
密克羅尼西亞之鳥 19
埃及法老 20
書寫系統 21
埃及貓的祕密日記 22
新聞提要 24
駱馬 25
奧爾梅克頭像 26
無紋陶罐 27
希臘陶瓶 28
明星雕像 29
古代奧運選手 30
歷史學家 31
面具製造師的祕密日記 32
希臘哲學家 34
新聞提要 35
中國皇帝 36
兵馬俑 37
染料骨螺 38
戰象 39
羅馬格鬥士 40
戰鬥學校 41
龐貝城住宅的祕密日記 42
絲路駱駝 44
路線圖 45
羅馬雕像 46

中世紀 47

賽馬 48
金箔 49
安地斯神鷹 50
馬雅可可豆 51

古代不列顛人 52
戰鬥頭盔 53
維京人的祕密日記 54
女皇 56
發明專家 57
中世紀修士 58

新聞提要 59
兩只青銅碗 60
砂岩建築 61
巴約掛毯師的祕密日記 62
機器人製造者 64
亡羊（大憲章） 65
蒙古皇帝 66
毛利人 67
信天翁（復活節島） 68
新聞提要 69
日本武士刀 70
皂石鳥 71
阿茲提克骷髏頭 72
厄運神廟 73
瘟疫帶原者 74
古騰堡印刷術 75
地圖外的地方 76
大航海家 78

近現代時期 79

木板的祕密日記 80
印加農夫 82
地圖繪製師 83
女王 84
看戲時間 85
蒙兀兒畫家 86
新聞提要 87
波瓦坦酋長 88
不速之客 89
天文學家 90
鬱金香 91
科學家的貓的祕密日記 92
新聞提要 94
海盜旗 95
俄羅斯鬍子 96
凱薩琳大帝 97
砍下的頭 98
船貓 99
新聞提要 100
化石燃料 101
山 102
象龜 103
星星（哈莉特・塔布曼） 104
悲劇交易 105

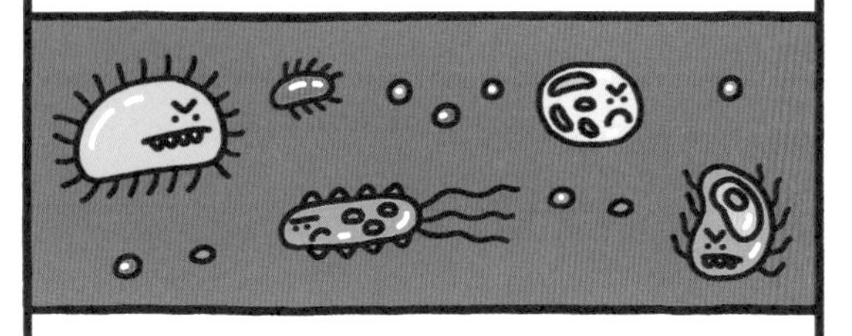

微生物 106
回到未來 107
新聞提要 108
白花 109
軍犬的祕密日記 110
默片字卡員 112
扁瓶裡的湯 113
字母V 114
戰爭與和平 115
一根粉筆 116
民權運動 117
海鷗 118
智慧型手機 119
碳原子 120
未來 121

詞彙表 122

附錄：學習內容對應表 125

故事發生在哪裡？

這張地圖標示出本書提到的所有國家。如果你讀到某天的故事時，不確定發生地點在哪裡，就來翻閱這張地圖。

美國
巴哈馬
墨西哥
牙買加
加拉巴哥群島
(厄瓜多*)
厄瓜多
祕魯
復活節島
(智利)

*譯註：也常稱為「科隆群島」

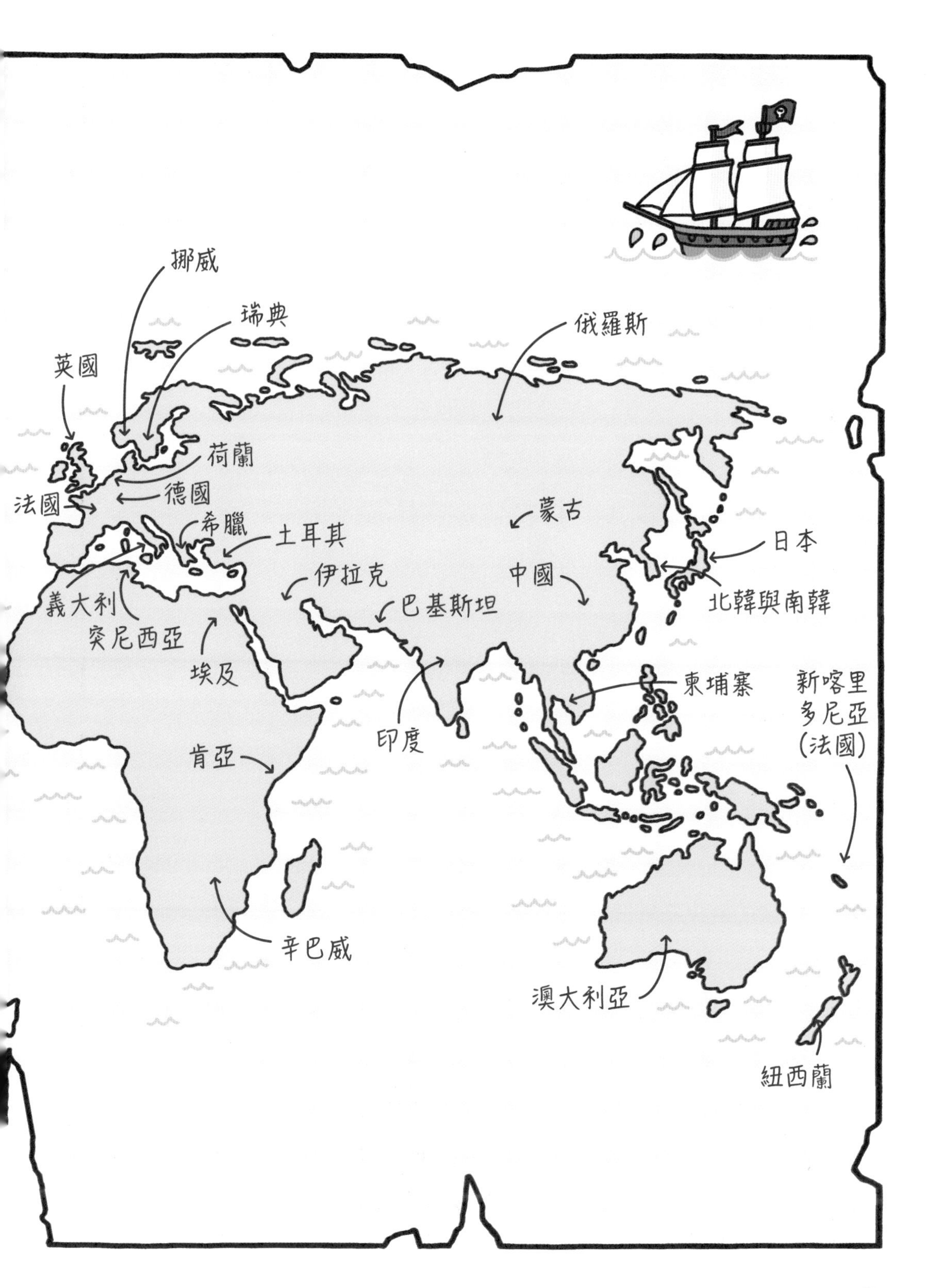

挪威
瑞典
英國
俄羅斯
荷蘭
德國
法國
蒙古
希臘
土耳其
日本
伊拉克
中國
義大利
北韓與南韓
巴基斯坦
突尼西亞
埃及
柬埔寨
新喀里
多尼亞
(法國)
印度
肯亞
辛巴威
澳大利亞
紐西蘭

前言

歡迎閱讀《不可思議的人類生活》。這本書會以你從沒見過的方式，帶你穿越時空，來趟歷史之旅。

這本書分成三個部分：古代史、中世紀與近現代史。如果想知道第一個輪子如何發明、龐貝城的住宅過著什麼樣的日子，或加拉巴哥象龜對達爾文有何看法，讀這本書就對了。

書裡會以漫畫介紹「今天的主角」，你會快速了解歷史長河中不同時間點的情況；「歷史筆記」會告訴你更多資訊，「祕密日記」則是告訴你各種內幕知識。此外「新聞提要」會延伸說明在某個歷史階段還發生過什麼事。

書的最後有詞彙表，在閱讀過程中如果覺得不太懂哪個詞，可以在這份詞彙表上找到說明。

還在等什麼呢？快打開書，別浪費時間囉！

古代史

一般認為，地球的年紀大約為45億年。地球形成後不久，生命也出現了，但一直要到600萬年前（那時恐龍早已滅絕），人類最早的祖先才出現在今天的非洲。我們的史前親人會演化成新物種，後來分散到世界各地，大部分是靠著步行前進。

在缺乏文字紀錄的情況下，我們對於遙遠過往的理解是來自古老的遺跡，還有人類學家的努力。許多古代史依舊是個謎團，但現在，該展開更進一步的探索了！

西元前與西元

我們常在年代數字後面看到「BCE」與「CE」這幾個字。「CE」代表西元，是我們現在生活的年代，大部分國家都採用這種歷史紀年法。西元從元年開始，也就是大約兩千年前。而「BCE」則代表「西元前」，是西元元年往回推溯。沒有「西元0年」，也沒有「西元前0年」。

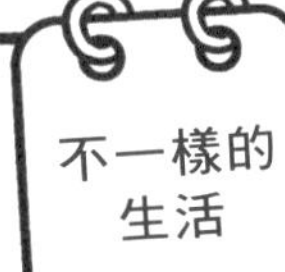
不一樣的
生活

直立人

你好！歡迎來到約150萬年前，這裡是你們所稱的非洲肯亞。

我是你們古早以前的祖先——直立人。

我
你
直立人
智人

坦白說，這時代的我還挺好看的，你不覺得嗎？

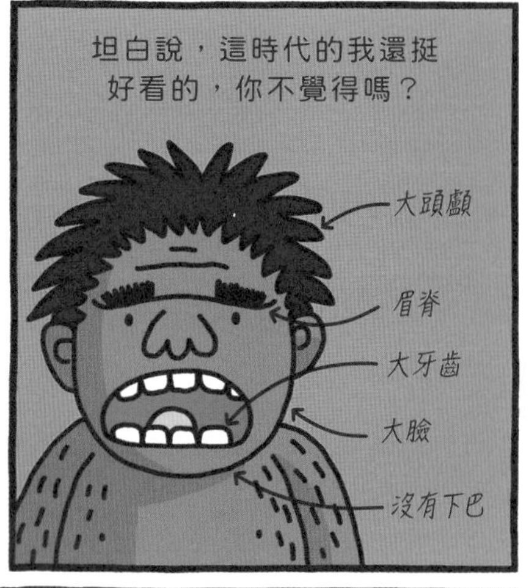
大頭顱
眉脊
大牙齒
大臉
沒有下巴

我們會以兩腳行走，所以叫做「直立人」，和這兩隻人猿不同。

我們試過。
太難了。

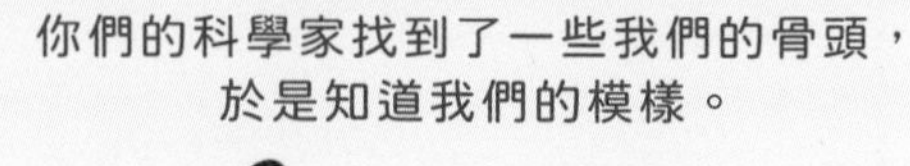

你們的科學家找到了一些我們的骨頭，於是知道我們的模樣。

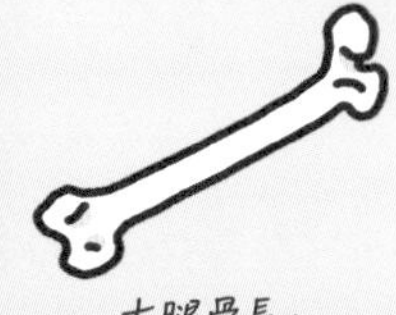
大腿骨長，
可以直直站立。

顱骨頂厚，
有眉脊。

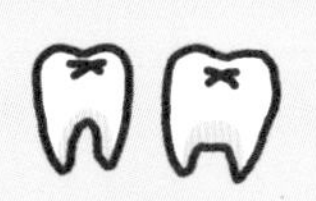
牙齒大，
可以咀嚼生食。

我們有長長的腳，可以追逐動物，獵捕吃肉。

回來！
才不要！

然後，我們會用了不起的高科技新發明，把肉切割下來……

……那就是石斧！

拜託，你的有夠老舊。
銳利

但我們目前最厲害的發明是——火！我很喜歡待在溫暖的火旁邊。

好啦，該從非洲前往歐洲和亞洲囉。要一起來嗎？
抱歉，恐怕沒辦法離開
為什麼沒辦法？

我們沒衣服穿呀！

直立人可能沒有衣物可穿。

不一樣的生活

尼安德塔人

人類，你好！記得我們嗎？

你好！
你好！
欸！

好啦，你一定記得！我們以前是鄰居。

誰忘得了這種臉呀？

額頭低。
雙眉脊。
鼻子大，可溫暖冰冷的空氣。
臉大。
幾乎看不出下巴。

我們這物種稱為尼安德塔人，在40萬年到40,000年前分布於歐洲與亞洲，而那時你們人類還在溫暖的非洲演化。

我們！
你們！

欸！

我們叫做「尼安德塔人」，是因為1856年，在德國尼安德河谷第一次發現我們的骨骸化石。

但如果用「尼安德塔人」來形容一個人很原始，會讓我們不高興。

不行！
欸！

事實上，我們的大腦平均比你們的都大，會用火和複雜的工具，也有衣服穿。

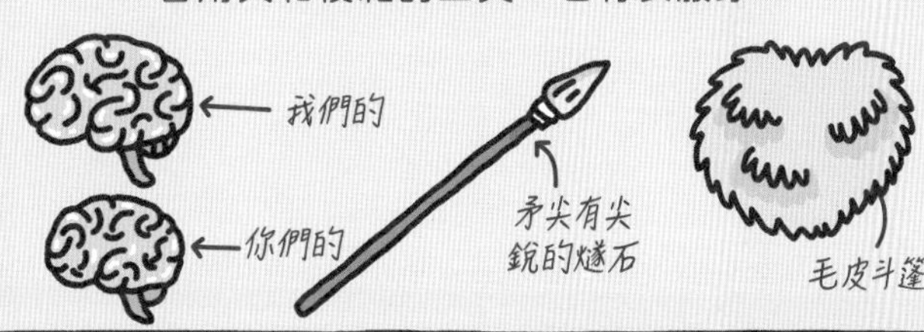
我們的
你們的
矛尖有尖銳的燧石
毛皮斗篷

雖然如此，我們全都在約40,000年前莫名其妙消失了，沒有人確知原因是什麼。

尼安德塔人埋葬處

但神奇的是，我們尼安德塔人的DNA大約還有2%留存在今天你們人類的身上。

哇，2%！

覺得這怎麼回事？

沒錯！
欸！

不一樣的生活

穴居人

哈囉，人類同胞，歡迎來到你們稱為法國的地方，時間大約是30,000年前。

尼安德塔人消失之後，我們是唯一留存下來的人類。

哎唷，好可怕！

我們的體型和尼安德塔人也有點不同。

頭顱更圓。前額更高，沒有眉弓
臉和鼻子比較小
下巴
在較冷的地方會縫製毛皮衣物來穿
骨骼較不結實

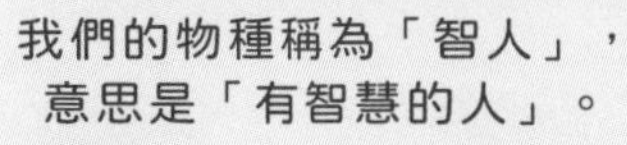

我們的物種稱為「智人」，意思是「有智慧的人」。

切切切！
斧頭
木頭

嗯……不予置評。

啊，切到拇指！

那時，石器是很先進的工具。

許多早期人類住在洞穴裡，所以稱為穴居人，通常還和可怕的野生動物一同住。不過，我們可不只是「穴居人」……

這裡有點擠！

其實，我還是穴居畫家！

看看我的作品範例吧。我們會在手上塗顏料，用手當成畫筆。

我們也畫大型野生動物，例如有毛的犀牛和馬。

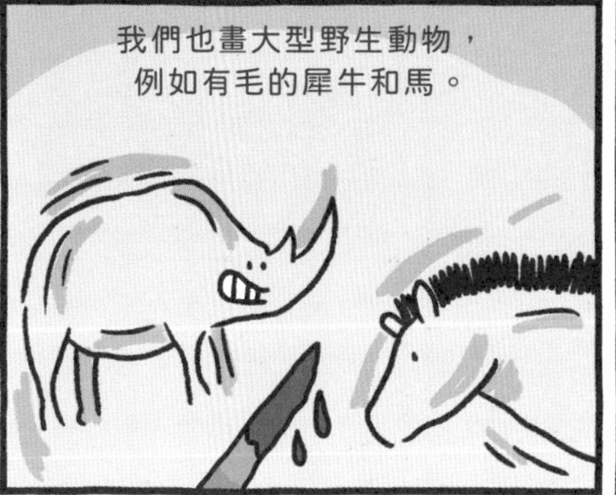

你可能會想，為什麼我們要畫這些圖？嗯……

咻～火熄滅了
糟糕！

恐怕大家得留在黑暗中，沒人知道答案了！

歷史筆記

珍禽異獸

有些動物在很久以前就消失了，若想知道牠們的模樣，唯一的證據有時就只剩下早期人類在洞穴裡畫的圖。這些圖遍布於歐洲的洞穴岩壁上，只可惜動物本身全已滅絕。

大貓

穴獅大約13,000年前滅絕，
曾和早期人類一同住在山洞裡，真可怕！

巨牛

原牛是一種野生牛，
17世紀時消失。

早期犀牛

10,000年前的歐洲與亞洲，
有會打架的毛茸茸犀牛，
腰部可能有黑色條紋。

古鹿

這種大角鹿的
角大得超乎想
像，只是在大約
7,000年前
已滅絕。

神奇野獸

這種有奇特斑點的生物究竟是什麼，
依然是個謎。這是17,000年前，
人類在法國拉斯科洞窟留下的畫。
今天有人說牠是「獨角獸」，
但牠明明有兩支角。

真猛瑪象

的祕密日記

是真猛瑪象蒂娜的日記，
牠在12,000年前，
和象群生活在今天俄羅斯。

皮毛
尾巴下方有下垂的皮膚
象牙

小時候的我

第1天

今天冷颼颼，果然是「冰河期」。
雖然天寒地凍，幸好我有兩層毛，
形成毛茸茸的棕色長大衣，
還能用長長的象牙撥去地上的雪，
找到藏在底下的美味小草。我暗自慶幸
臀部有下垂的皮膚，可幫屁屁保暖。
猛瑪象可不喜歡屁股冷冰冰。

美味的草

第2天

牙齒出問題了！我和象群一起吃草時，
四顆大臼齒掉了一顆。我得靠這些牙齒，
才能磨碎用象鼻拔起的植物。幸好在我
們60年的壽命裡，總共會換六次牙，
好險！不知道猛瑪象有沒有牙仙子？
這樣我的臼齒可以換很多錢。

我掉的臼齒
人類臼齒
30公分
1.2公分

第3天

今天率領象群的母猛瑪象「咪咪」，
稱我為「胖脖子」。聽到她的盛讚，
我臉紅了。我們會把脂肪儲存在頭後方
的隆起處，以度過食物缺乏的寒冬，
還能保暖。瘦巴巴的猛瑪象沒人愛！

漂亮的
背部隆起

呼！很熱！

第4天

很苦惱今天這麼熱。要是全身長滿
厚厚的毛，天熱恐怕不是好事。
象群裡有人咕噥著「氣候變遷」之類的，
說可能會害我們在一天內全部死光光。
幸好咪咪用象牙揍他，讓他閉嘴。
謝天謝地。

第5天

人類那些小不點實在很討厭。有幾個人
以長矛當作武器，埋伏起來，對我發動攻
擊。聽說他們會用猛瑪象的骨骼和皮膚
搭蓋庇護所，還以象牙來當作雕刻工具，
真恐怖。幸好我看到他們，及時逃跑。
我或許毛毛的，但不代表沒大腦。
再見啦，討厭鬼！

我
人類犯了超級大錯

新聞提要

以下說明早期人類行為的發展歷程

智人榮獲第一名

尼安德塔人滅絕之後，
智人（也就是我們）成了脫穎
而出的「人類」物種。

安頓

西元前9,500年，農業開始發展。人類不再到處遊走，尋找食物，而是安頓下來，促成「文明」的開端。最早的大型文明是發生在古埃及，還有美索不達米地區。

不可思議的發明

早期人類不斷發明東西，
根本停不下來：先是弓箭，接下來又出現
農耕、製陶、編織與宗教儀式。
人們也開始建立石造建築，
例如古朝鮮（韓國）有大量的支石墓，
法國卡納克則有的巨石林。

西元前4,500年到3,300年之間，
卡納克大約豎立3,000枚石頭。

洗澡時間

在今天巴基斯坦印度河流域生活的古人，
發展出很重視水和衛生的文明，
可惜在西元前1,700年已消失。

文明程度提高

金屬工具的發明，代表人類更善於應用石頭與木頭。早期的書寫系統（例如象形文字）也為我們留下最早的真正歷史紀錄——前提是，你要有辦法解讀！
（右圖說）

兩隻貓頭鷹？
很有趣！

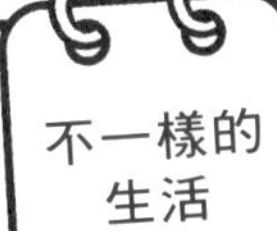

不一樣的生活

農夫

你好！歡迎來到西元前約4000年，位於美索不達米亞的蘇美文明。我是位早起的農夫*。

眞的很早起喔——現在天才剛亮。白天時這裡很熱，所以得趁太熱之前，趕緊開始工作。

HOT!

在農業發展以前，人類得在野外找食物，因此稱為「狩獵採集者」。

你是獵人？
不，我是狩獵採集人。

農耕出現，代表我們可停留在某一個地方，不必到處尋找食物。

謝天謝地。
沒錯。

農業最早帶來的東西有……

葡萄
綿羊
棗子
橄欖
水泡（工作太拼命了！）

大麥這種很重要的穀類，是從野草演變而成。

別吃我，我很重要。

我們會用大麥來製作麵包與釀啤酒。

由於這裡很炎熱乾燥……

熱啊！
我們也可以用來做成冷飲！

……於是我們想出了辦法，把河水引入農田，稱為「灌溉」。

啊，這樣好多了。

此外，我們還開發犁田與養魚的方法。

早期犁具

但懂不懂養魚的訣竅，就很難說了……

*譯註：原文同時有「我是人類文明最早出現的農夫」的意思。

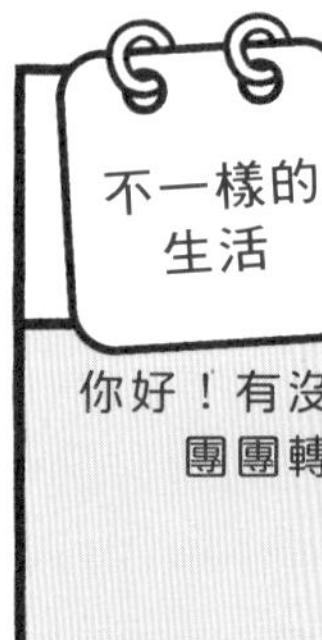
不一樣的
生活

車輪

你好！有沒有一整天忙得
團團轉的感覺？

我當然有！

我是西元前約3,000年，
美索不達米亞的戰車木車輪。
馬蹄
噠噠！
我也是。

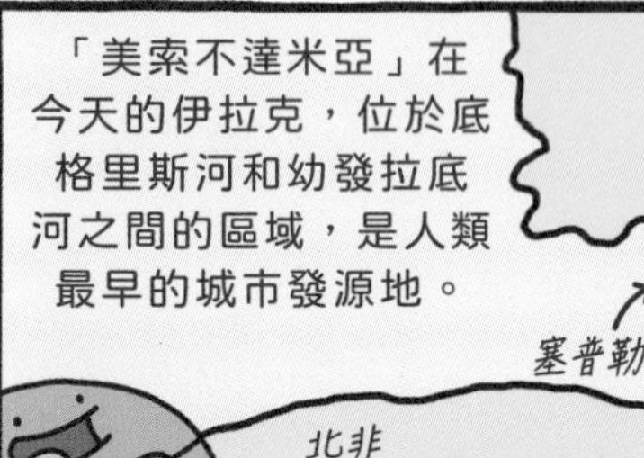
「美索不達米亞」在
今天的伊拉克，位於底
格里斯河和幼發拉底
河之間的區域，是人類
最早的城市發源地。
古代美索不達米亞
底格里
斯河
塞普勒斯
幼發拉底河
北非

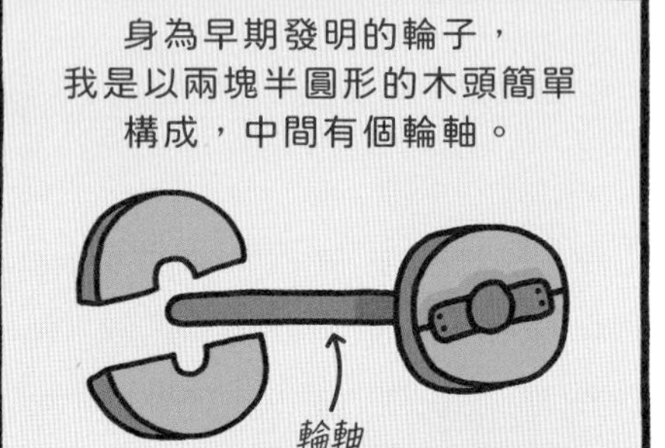
身為早期發明的輪子，
我是以兩塊半圓形的木頭簡單
構成，中間有個輪軸。
輪軸

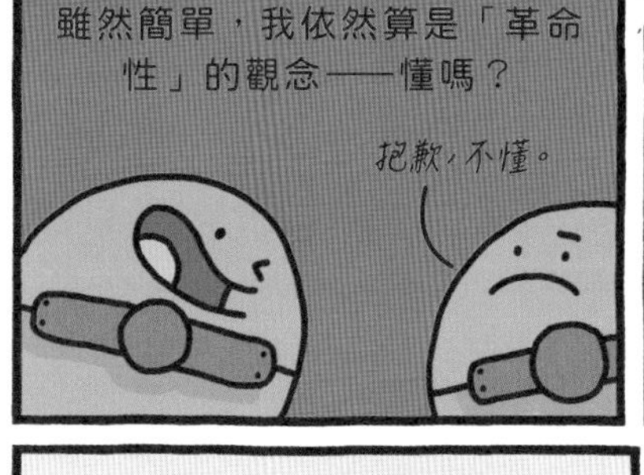
雖然簡單，我依然算是「革命
性」的觀念——懂嗎？
抱歉，不懂。

因為某些原因，人類花了
很長的時間才發明出輪子。

而最早的輪子或許
是用來製作陶罐的。
陶罐
要不要來
轉一轉？

或許更早以前就有人
發明輪子了，畢竟輪子會
到處跑。目前已知的最早輪子
是在斯洛維尼亞發現的。

我5,150歲！

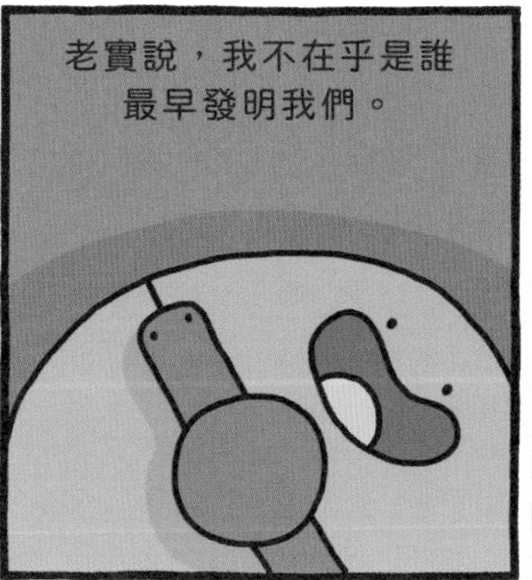
老實說，我不在乎是誰
最早發明我們。

只希望你快一點發明
輪胎——不然石頭害我們
撞得很痛！

哎唷！
咕咚！

不一樣的生活

史前巨石柱

你好，歡迎來到英國索爾茲伯里平原，現在大約是西元前2,100年。我是知名石群的一員。

這就是巨石陣！

4公尺高
2公尺寬

巨石陣的英文名稱是Stonehenge，其中henge這個古字是「高掛」的意思——坦白說，高高掛著的石頭可不少。

我在這裡！

這裡直立的石頭是混濁砂岩，發懶躺在上面的則是「楣石」。

經年累月站在這，頭上頂著22,000公斤的重量可不好玩。

不能怪我呀。
哼，那傢伙真是鐵石心腸……

我原本在30公里外採岩場的巨大砂岩礦層，那時的我比較快樂。

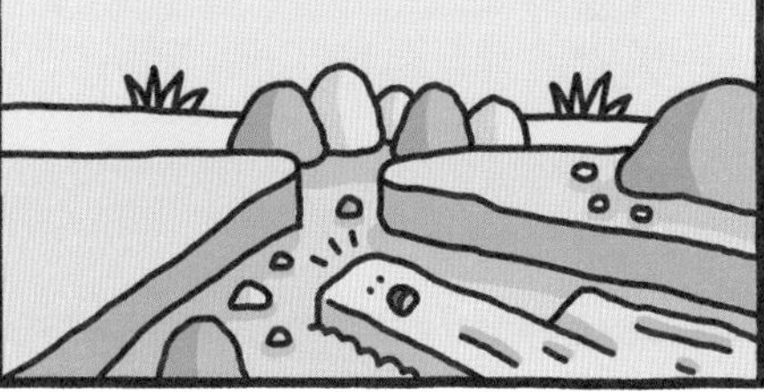

鏗鏗鏗！
噢，會痛啦！

新石器時代的人類使用燧石斧和楔子，幫我打造出形狀。你知道什麼叫「頭痛欲裂」嗎？

之後，我是怎麼來到這狂風吹襲的平原（還有為何而來），對我而言仍是謎團……

……現代考古學家也不知道！

我們知道的是，每年有兩次，有個叫「席爾石」的特殊石頭會被太陽照得睜不開眼。*

席爾石
朋友們，別擔心，我擺平這問題了。

冬天應該來了。
多穿點毛皮衣物吧……

巨石陣可能是用來當大型日曆，追蹤太陽的移動。

*譯註：每年夏至與冬至，巨石陣的中心點、席爾石與日出日落會排成一直線，因此夏至可以看到太陽從席爾石後方升起，冬至時可以看見從席爾石後方沒入地平面。

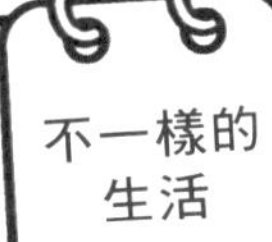
不一樣的
生活

印度河細菌

喂！我們是下水道的壞蛋細菌，生長在印度河流域、你們稱為巴基斯坦的地區。

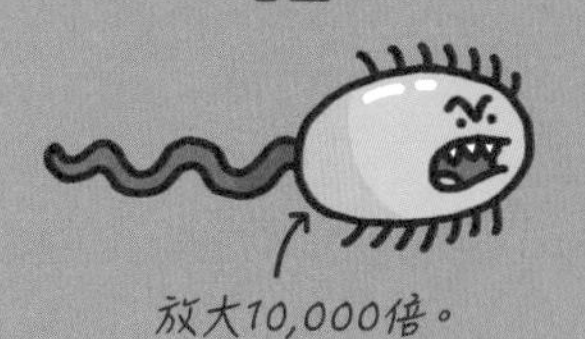
放大10,000倍。

現在是西元前2000年左右，有件事搞得我們這些壞菌很不高興。

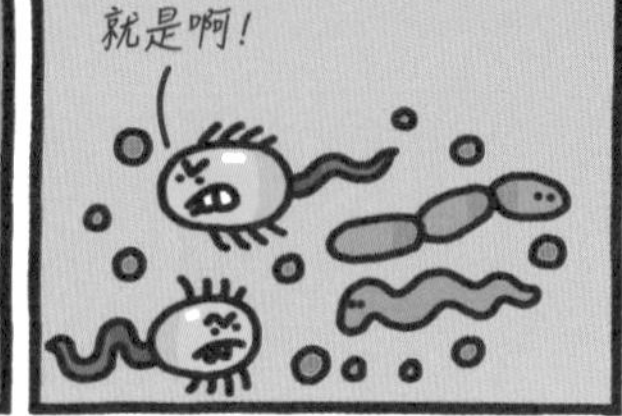
就是啊！

我們所在的這座城市，對細菌來說實在糟透了！

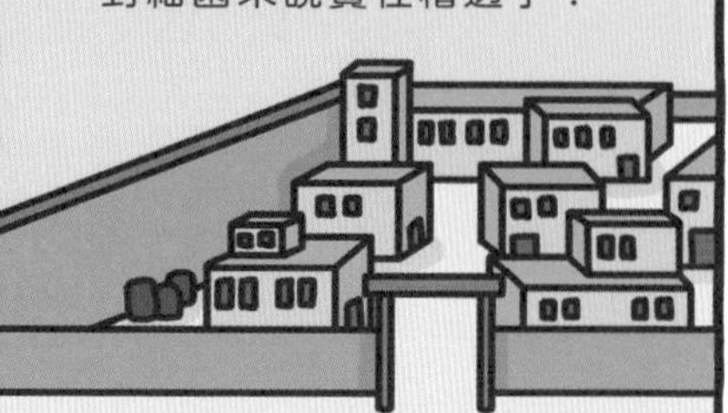

摩亨佐-達羅是座古城，磚造建築呈現規則的格狀排列，可能有40,000人住在這裡。

這裡的衛生條件超越了時代。

我們這些水生的蟲子
很難大量孳生。
命嗚呼！

這就是我說乾淨到發亮的區域……

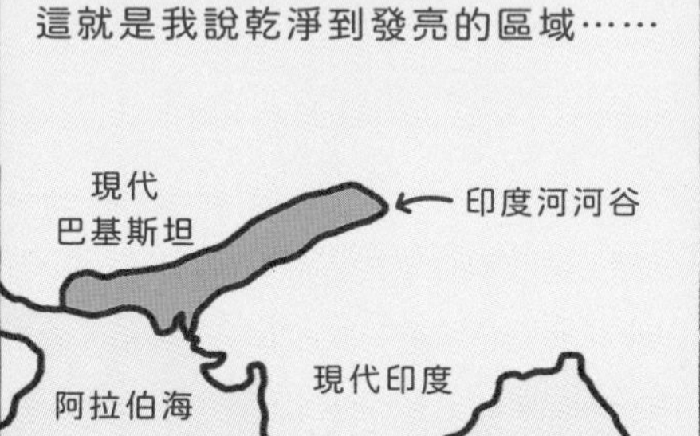
現代
巴基斯坦
印度河河谷
阿拉伯海
現代印度

這裡的居民超愛保持清潔。

我們一塵不染。

甚至蓋了大澡堂。

每天晚上都是
泡澡之夜。
我帶了鴨鴨！
呱呱！

光是這座城市就有700口井，供應乾淨的水……

很值得
一看……

……住家有自己的廁所。

尊重隱私，
好嗎？

不僅如此，每間廁所都有水罐裝著清水，供人沖洗。

航向未知的
未來！

每間廁所的便便會從有加蓋的磚造排水管，安全沖走

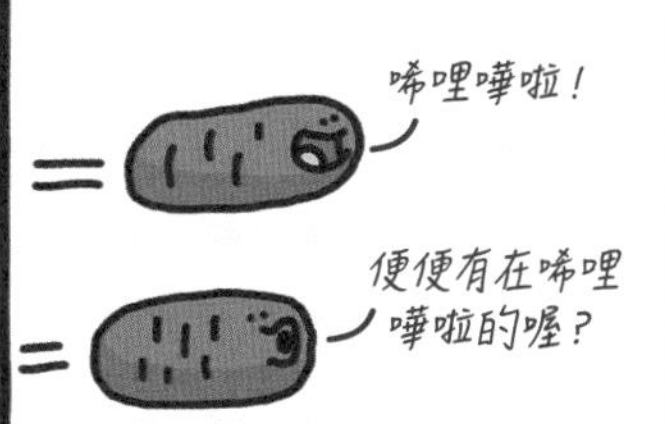
唏哩嘩啦！
便便有在唏哩
嘩啦的喔？

這對害人生病的細菌來說可不妙。

喂，拜託你
讓我獨自一人
好嗎？

不一樣的生活

密克羅尼西亞之鳥

哈囉，現在是西元前1500年左右。歡迎來到太平洋偏遠的島嶼天堂，你們稱這裡為新喀里多尼亞。

在人類出現之前，這裡都算是天堂。

我是新喀里多尼亞巨塚雉，一種不會飛的大鳥，與雞有親屬關係。

1.7公尺高。

這些人從亞洲大陸來定居。他們駕著船，遠渡重洋前往不同的島嶼，那些島嶼和我住的地方差不多。

陸地出現了！
危險出現了！

這種聰明的發明稱為「舷外浮桿獨木舟」，讓你們人類能夠穿越海洋。

蟹爪帆
船槳
舷外托架可當支撐

我啊，是隻笨鳥，但你們人類是高明的水手！

你們會判讀浪潮，也使用「木條海圖」來找方向。

貝殼代表島嶼

木條顯示海洋流向

我這座島上的人類，會做漂亮的瓦罐。

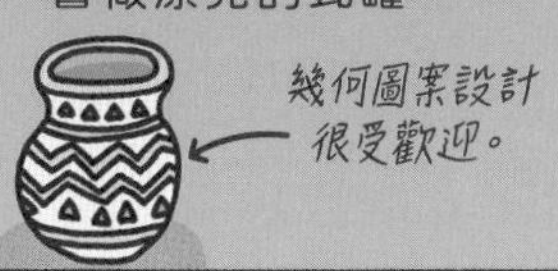
幾何圖案設計很受歡迎。

歷史學家把和這群人有關的這一切叫做「拉皮塔文化」。

要是你們沒有帶這些可怕的動物過來就好了。牠們會攻擊我們的巢、蛋，還有幼鳥。

豬
野狗
鼠

你們人類為了食物，就獵殺我們，實在很糟糕。

好吃。
哎呀！快飛！

救命！我忘記自己不會飛，慘了！

遺憾的是，在拉皮塔住民的獵殺之下，新喀里多尼亞巨塚雉已滅絕。

不一樣的生活

埃及法老

歡迎來到底比斯市，
時間大約是西元前1465年。

我是法老哈特謝普蘇特，有件事情挺奇怪的……

我是女人！事實上，
我是第二位出現的
女法老。

假鬍子

我喜歡超前部署。
瞧瞧我在國王谷興建的壯觀神廟，
待我去世就能派上用場。
這座神廟超大！

古埃及有幾個了不起的神廟
興建者，我是其中之一。
我超愛蓋建築物。

埃及卡納克的巨型石造方尖碑（石柱）

真人大小的雕像（我）
我變成獅身人面像

我能做這些，是因為先生（國
王）已去世，讓我無拘無束，
自由統治。

我先生圖特摩斯二世
(THUMOSE II)

但我年輕的繼子圖特摩斯
三世看不下去……

古埃及規定，
女人不能當
統治者。

雖然我身為女人，
仍可以穿得像國王。

響尾蛇裝飾
條紋頭冠
假鬍

我也把名字到處刻在石頭上！
我的名字意思是「高貴女人中
最高貴者」。

刻「哈特謝普蘇」！
你說得倒容易……

多虧有我在，埃及和平
繁榮，因此我的名字
將永垂不朽。

哼……
走著瞧。

我在西元前1458年過
世，之後圖特摩斯三世
就搗毀許多我的雕像。
一直要到19世紀，才有
人發現我的存在。

糟糕！
我的臉不
見了！

歷史筆記

書寫系統

大約在西元前3000年，古埃及發展出象形文字。這種早期的書寫型態是以符號與圖像，代表真正的物體、想法與聲音，有點類似現代的字母。象形文字會畫在以莎草製成的紙上，或刻在牆上。

這是以象形文字，寫古埃及女王「克麗奧佩脫拉」的名字。象形文字周圍的橢圓外框稱為「象形繭」。

羅塞塔石碑

1799年，埃及的羅塞塔鎮發現一塊石碑，上頭有一段文字，使用的是兩種古埃及文（象形文字及「世俗體」）及希臘文。於是，歷史學家首度能把象形文字翻譯出來。

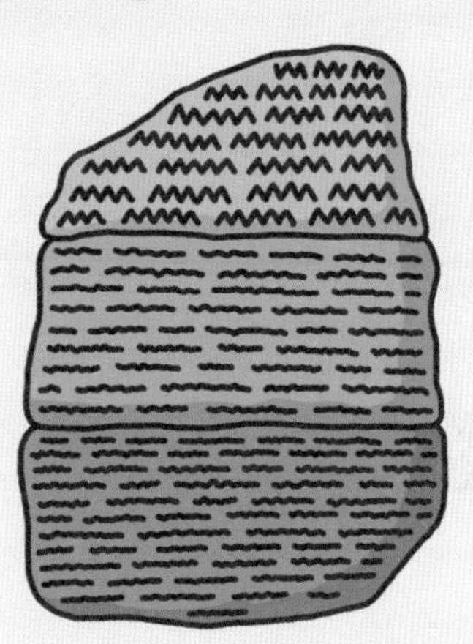

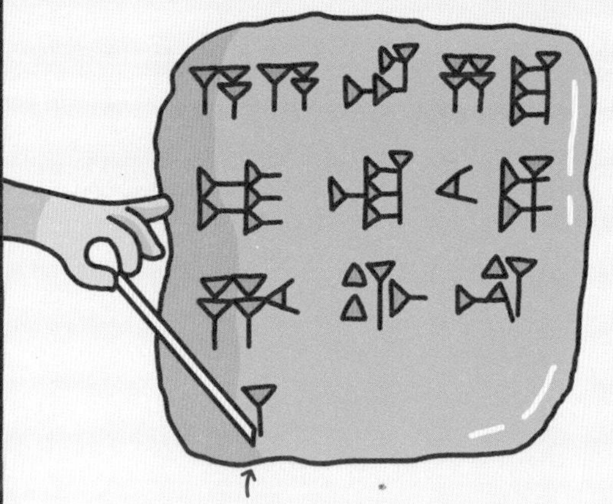

楔形文字的符號，是把蘆葦往濕黏土上壓。

不可思議的楔形文字

世界上已知最早的書寫系統，是西元前3200年由美索不達米亞的蘇美人創造，稱為「楔形文字」，有幾百種不同的符號。

埃及貓

的祕密日記

這份日記是來自一隻流浪貓，
牠在西元前1450年左右，
生活在古埃及的城市赫里
奧波里斯。

我

第1天

貓當然會遇到好運。昨天我還在流浪，今
天就有人歡迎我進入人類家庭中。
他們已幫我命名為「喵」，
還用魚頭餵我！他們對待我的方式，
彷彿我是個毛茸茸的小神祇。

魚頭——美食！

老喵

第2天

咦，他們好像有另一隻貓了。
那隻貓也叫「喵」，比我年長許多。
老喵說，他們把所有的貓都叫「喵」，
因為我們會喵喵叫。人類也認為我們很
特別，要是哪個人斗膽殺貓，
是會被判死刑的。這樣看來，
誰還能說狗是人類最好的朋友？！
我可不這麼想！

第3天

今天和老喵去打獵，抓了三隻小鼠、兩隻大鼠、一隻蠍子，還有一隻響尾蛇。老喵說，我們能保護人類的安全，所以這麼得寵。
老實說，我不在乎人類為什麼愛我，反正繼續送魚頭過來就對了！

老喵木乃伊

第4天

悲劇啊！可憐的老喵昨天與響尾蛇最後一戰，不幸陣亡。
主人很傷心，還剔除眉毛，以示哀悼。
他們也把老喵的遺體抹上油，用繃帶包得像木乃伊。
看起來挺有趣，真好奇人類為什麼要這麼做。

第5天

今天大老遠前往一座供奉女神的神廟。這位女神有貓頭人身，叫做芭絲特。老喵似乎會在這裡，和其他幾百隻已死去的貓進入來生，那些貓都裝在罈子或棺木中。
我會想念他的，幸好有許多人來抱抱我。相信這些人眉毛長回來之後，就會恢復快樂。喵！

芭絲特，掌管住家、貓與生產的女神

新聞提要

到了西元前1500年，人類已前往許多地方，而且不光是靠陸路前進。

抵達澳大利亞

在上一次冰河期，海平面比現在低得多，因此島嶼之間的距離也變短。到了西元前1500年，人類已在澳大利亞居住了50,000年，還有更多人在前來探索的途中。

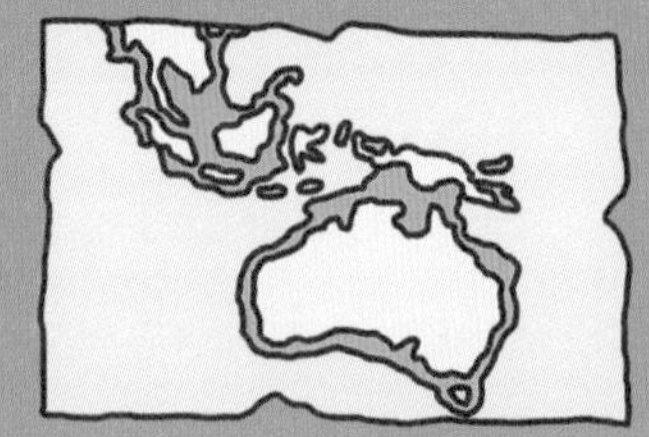

粉紅色線條代表大洋洲在冰河期的海岸線

更遼闊的地平線

新的造船術讓勇者能航向遙遠的太平洋島嶼探索，只不過對當地的野生動物來說恐怕不妙。

絕美的藝術

今天我們想了解中美洲與南美洲的早期帝國，只能仰賴些許陶器碎片，以及驚人的藝術之作。

留下遺產

聽起來或許不算什麼，在韓國與希臘，都曾有文明出現之後又消失，僅在瓶瓶罐罐、還有一些陶器上留下記錄。古希臘留下的遺產，包括科學、藝術、哲學、戲劇、運動，甚至歷史本身。

不一樣的生活

駱馬

你好！他和我，
我們都在厄瓜多……
……現在大約是
西元前1500年

我是駱馬。
我是駱馬
飼主。

人類抓了野生駱馬，讓牠變得
乖乖聽話。＊
是駱駝科
的一員。
耳朵豎起——高
興的時候耳朵會
變平與交叉
有柔軟的
長毛

＊這過程稱為「馴化」

歷史學家把我們稱為「瓦爾迪維亞文化」。
圓形土牆
駱馬
小牧場
茅草屋頂

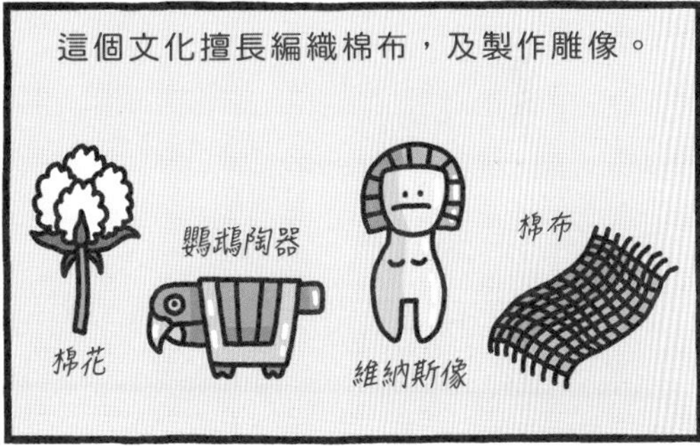

這個文化擅長編織棉布，及製作雕像。
棉花
鸚鵡陶器
維納斯像
棉布

駱馬在瓦爾迪維亞文化
有很多功能……

……我們會載運
物品……

人類會用我們的
毛編織……
請把後面與
兩邊修短

甚至燃燒我們的
糞便！

說到誰是好幫手，
駱馬可是所向披靡……
沒錯

……別告訴
她，駱馬肉也
很好吃！
什麼？！

過了3,500年……
駱馬在現代依舊能者
多勞，
也喜歡說笑！

不一樣的生活

奧爾梅克頭像

你好！我是個巨大的圓石，位於你們稱為墨西哥的城市，現在大約是西元前1200年。

雖然說是「圓石」……

……我其實是座巨型雕像，由歷史學家口中的「奧爾梅克」文明創造。

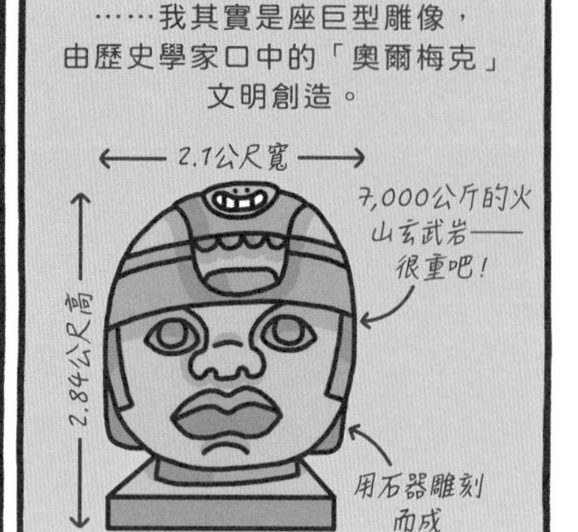
2.1公尺寬
2.84公尺高
7,000公斤的火山玄武岩——很重吧！
用石器雕刻而成

「奧爾梅克」的意思是「橡膠民族」。奧爾梅克人會從樹木萃取橡膠。

奧爾梅克人建立的城市裡有雕像、金字塔與供水系統，創造出墨西哥第一個偉大文明。

這些巨型頭像可能整列擺在特別的走道旁。

他們也崇拜一些特別的神。

「豹人」：半是嬰兒，半是美洲豹。

龍神
玉米神

玉米讓奧爾梅克人變得富有，無怪乎他們會崇拜玉米！

我們是純正的黃金，真的！

奧爾梅克人也常用樹汁製成的重橡膠球來比賽。

重達4公斤。

你們的歷史學家認為，我戴的頭盔是球類比賽的球員使用的。嗯，告訴你一個祕密……

咚！

欸，被球砸到很痛！

不一樣的
生活

無紋陶罐

歡迎來到西元前約700年的古朝鮮王國，這裡就是你們說的韓國。
你好！

你看，我是大大的棕色陶罐，他是個小小的灰色壺。
我們才剛做好。

傳說中，古朝鮮王國是由有神仙血統的檀君建立，檀君的母親是一頭熊。這個故事今天仍在韓國廣為流傳。
母親節快樂！
兒子，謝謝你。

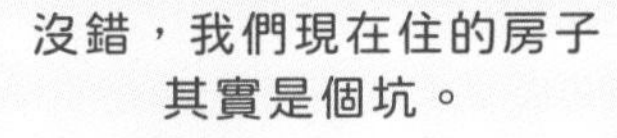

沒錯，我們現在住的房子其實是個坑。
真的不誇張。

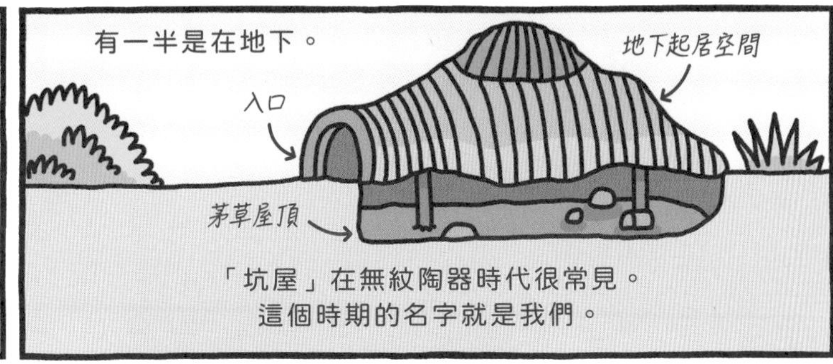
有一半是在地下。
地下起居空間
入口
茅草屋頂
「坑屋」在無紋陶器時代很常見。這個時期的名字就是我們。

住在這屋裡的人會捕魚、採集，使用石器與銅器。

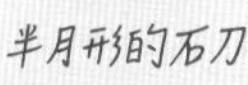
半月形的石刀

曼陀林形的青銅匕首

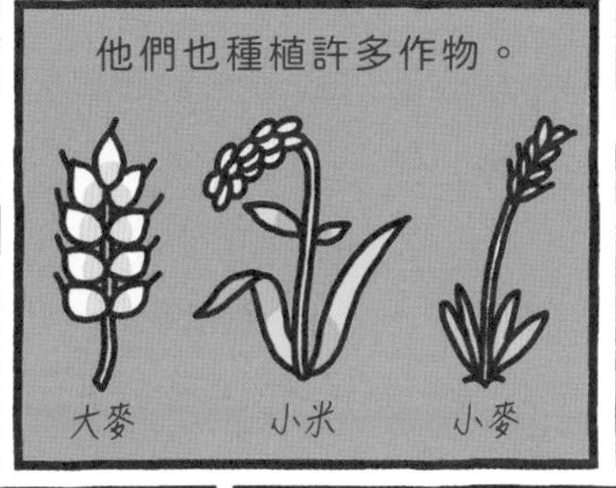
他們也種植許多作物。
大麥
小米
小麥

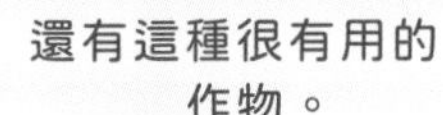

還有這種很有用的作物。
我是稻米，滋味第一。

最早種植米的地方是亞洲，時間大約在西元前6000年。

真不知道我會用來裝什麼？

答案應該很快就會揭曉。

後來……
原來是人體的一部分——怎麼這麼恐怖！

我成了墓穴裡的甕棺，上面石頭排列成「支石墓」。只有掌握權力的富貴人家才會這樣埋葬。
石板
我超想逃跑的！
真倒霉！

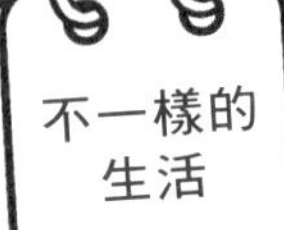
不一樣的
生活

希臘陶瓶

哈囉，我是雅典陶器店裡亮晶晶的新陶瓶，現在是西元前530年左右。

我本來只是一團黏土。

兒時照片

但你瞧瞧……我現在多漂亮啊！我成了「雙耳瓶」，可用來裝酒、油或蜂蜜。

我身上的圖案是兩位希臘神話的人物在玩桌遊。

我是陶匠在拉坯輪上製作後，再幫我畫上圖案。
頭暈！

剛才很癢也就算了，最難受的是要放到窯裡燒製……三次！

到底是我的問題，還是裡頭真的很熱？
熱昏了！

有些陶匠會在作品上簽名（我這位就會）。瞧瞧我的底下！

埃克塞基亞斯(EXEKIAS)製作。

陶器是古希臘生活的重要紀錄。我們身上會有神、神話、奧林匹克的英雄，還有日常生活寫照。

希臘神祇宙斯

航行的船隻

奧林匹克比賽

建築物

戰爭

隨著時間演變，風格也出現變化。

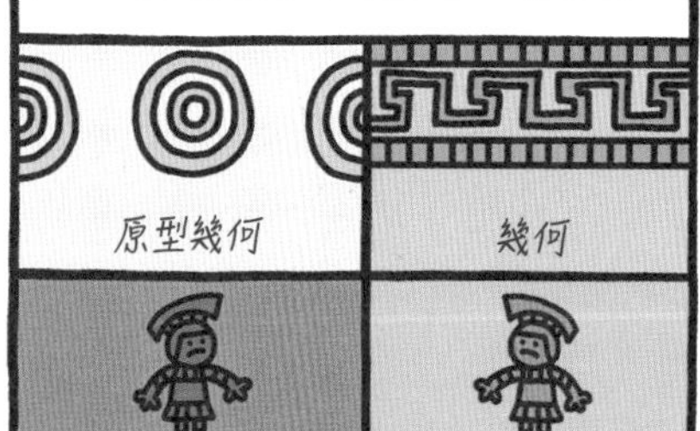
原型幾何
幾何
黑色人物
紅色人物

陶壺很熱門，所以陶器店非常熱鬧。哎呀！小心！

碰撞！
喂——小心點！

回來呀！
搖搖晃晃！
救命啊！

救命啊！
還好嗎？
碎了，哭哭。

歷史筆記

明星雕像

古希臘人不僅會製作漂亮的陶器，也很擅長製作雕像。
現存的古希臘雕像中，有些已是世界上最有名的藝術之作。

阿特米西昂青銅像

這座雕像可追溯到西元前460年，一般認為這是眾神之王宙斯的雕像，原本應該握著閃電。

米洛的維納斯

米洛的維納斯是西元前100年左右，以大理石雕刻而成，或許是希臘愛神阿芙蘿黛蒂的塑像。這座雕像是1820年於希臘的米洛島發現，因此稱為米洛的維納斯*。至於手臂為什麼不見了，卻沒有人知道。

擲鐵餅者

這座擲鐵餅者是知名雅典雕塑家米隆的作品，時間大約是西元前460年。今天只見得到羅馬人製作的複製品。

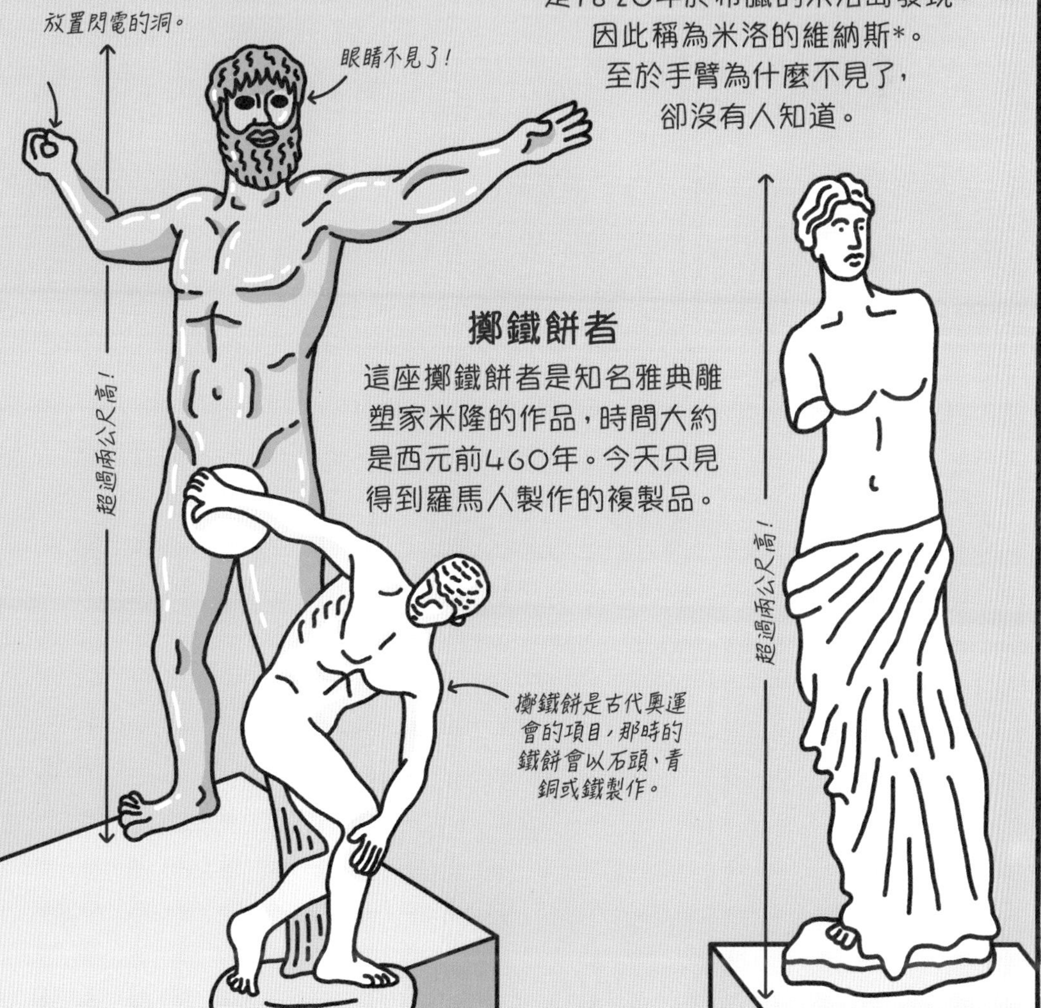

放置閃電的洞。
眼睛不見了！
超過兩公尺高！
擲鐵餅是古代奧運會的項目，那時的鐵餅會以石頭、青銅或鐵製作。
超過兩公尺高！

*譯註：羅馬稱愛神為維納斯

不一樣的生活

古代奧運選手

你好！我是大約在西元前460年，住在希臘奧林匹亞的市民。

我也是。

全希臘有成千上萬的人來到我們鎮上，參加另一次奧運會。

每四年舉辦一次。

運動會是為了紀念宙斯這位神祇。瞧，奧林匹亞的景色多壯麗！

你一定沒想到，西元前776年的第一屆奧運會只有一項運動……

那是190公尺的賽跑，叫做「場地跑」（stadion），這個字演變成後來的「體育場」（stadium）。

起跑線以石頭標示

奧運冠軍會得到月桂冠……

……臉還會印到許多花瓶上！

現在已增加許多運動項目……

擲鐵餅

擲標槍

穿盔甲賽跑

潘克拉辛（結合拳擊與摔角）

但奧運上看不見女人的影子，無論想當選手或觀眾都不行。

當時不准女人參與。

我們到跑道上找個運動員吧！

好主意！

跑道旁……

祝你好運……但你知道大家比賽時沒穿衣服嗎？

什麼？不會吧！

他跑得很快呢！

唉唷，快逃！

那時的運動員是不穿衣服的！

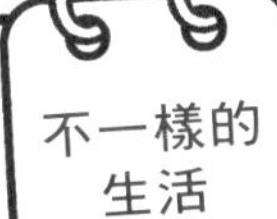
不一樣的
生活

歷史學家

歡迎來到雅典！現在大約是西元前430年。我叫希羅多德，但你可以叫我……

超級英雄！
我是世上第一位大名鼎鼎的歷史學家。

H

多虧有我在，你才會知道美索不達米亞平原有座城市叫做巴比倫，以「空中花園」聞名。

我把關於巴比倫的所有資訊寫在《歷史》這本書裡，你們現在還能讀到它。

《歷史》
希羅多德著

坦白說，我可能搞錯了一些「事實」

希羅多德說：
巴比倫有100座
青銅城門

實情：
巴比倫只有
8座城門

但是到了你們的年代，還剩下什麼？

今天的伊拉克只剩下巴比倫的遺跡。

正因如此，我對古代世界的紀錄很重要。我到處旅行，收集資訊，否則這些事情都會被遺忘。

我也記下許多知名戰爭的相關資訊……

看招！
你也是！

馬拉松戰役，約西元前490年（希臘VS波斯）

哈囉，又是你。
你好嗎？

溫泉關戰役，約西元前480年（希臘VS波斯）

明年同一時間？
好啊！

米卡勒戰役，約西元前479年（希臘VS波斯）

我也寫了些奇怪的事情進來。

亮晶晶！
挖！
真噁心！

希羅德斯說，有一種龐大、身上有毛的波斯蟻會挖金沙，還會殺死駱駝！

但整體而言，我的書寫得很正確，於是我獲得「歷史之父」的稱號。

歷史之父

這是眞的！

嗯，還算
正確啦！

面具製造師

的祕密日記

摘自傑森的日記，
他在西元前430年左右，
於雅典附近的劇場當學徒。

我！

西里爾

第1天

我去找西里爾，希望在接下來幾年能拜他為師。雅典大型劇場的演員服裝與面具，都是出自西里爾之手。戲劇主要有兩種類型：嚴肅的悲劇，和好笑的喜劇。西里爾願意收我為徒，所以我明天就可以上工了。成功！

第2天

西里爾帶我看看新的工作場所。這是從山坡鑿出的半圓形場地，有一排排的木製座椅，觀眾席可容納一萬人，演員的聲音能聽得很清楚。西里爾說，座位稱為觀看區(theatron)，舞台叫做舞蹈區(orchestra)。好多新詞彙要學啊！

第3天

今天西里爾讓我看看工作室裡的面具，上頭還有以真人頭髮製成的假髮。顯然，運用這麼多不同的面具，能隱藏一件事：每齣戲的主要演員都不超過三名。所有演員都是男性。遺憾的是，女人不能進入劇場，這表示媽媽不能來看我。討厭！

第4天

景屋

西里爾帶我到舞台上的小帳篷，演員在表演期間，會在這裡更換面具。有時候，這帳篷也會畫上背景的圖案。這座帳篷稱為「景屋」(skene)，於是我跟西里爾開玩笑說，他們可以稱這些背景圖像為風景(skenery)。他只看著我，好像我胡說八道。好吧，算了。

第5天

我做出第一張面具了！我把硬梆梆的布料放進模型裡壓一壓，之後在上面加了代表眼睛與嘴巴的洞口。「很不錯，」西里爾說。「再多做11個！」他不是開玩笑的。這些面具要給「歌隊」戴，他們共有12人，會一起念相同的台詞、戴相同的面具。這12張面具都是笑臉，和我今天收工前的模樣可不同，但剩下的芝麻小事，我就不再多說囉。

不一樣的生活

希臘哲學家

你好，我是柏拉圖。
現在是西元前360年左右，
而我聰明的腦袋瓜可是名滿天下。不過，別忘了……

……我曾是摔角手！
吼～～

沒錯，他真的當過摔角手。

現在我在雅典開了一所學校，叫做「柏拉圖學院」，最聰明的人都可以來到美麗的橄欖園，一邊學習，一邊辯論。

柏拉圖，我不知道該不該同意。
講話小心點，我當過摔跤手。

像我這樣的研究者稱為「哲學家」。「哲學」這個字是兩個希臘文的結合，意思是「熱愛智慧。」

嚼嚼！

不同哲學家會提出不同的想法……

蘇格拉底

我說，當個好人，就足以讓你快樂。真的。

德謨克利特

我提出了「原子」的觀念。

第歐根尼

我住在大甕裡。

許多哲學家的數學也很好——我也不例外！

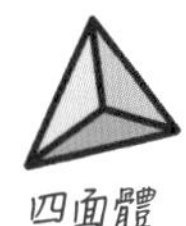
四面體

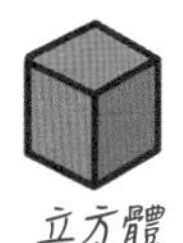
立方體

八面體

二十面體

這些立體形狀，今天稱為柏拉圖多面體，也就是正多面體的意思。

哲學家畢達哥拉斯還提出過數學定理，並以他的名字來命名。

這些正方形讓我名揚天下！

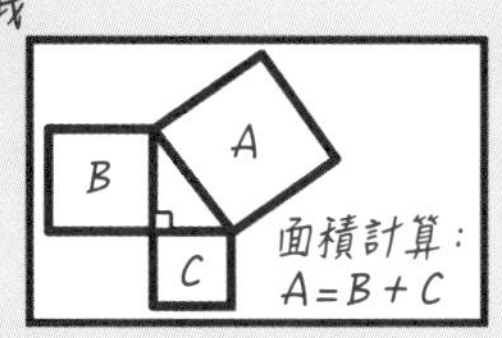
A
B
C
面積計算：
A=B+C

但在學院裡，我有個明星學生——亞里斯多德。

謝謝。

老師，謝謝您的讚美。
不過，您認為光是思考就足以明白事實，但我認為唯有透過觀察，才能看出事實。
您有什麼看法呢？

嗯……

來摔角！

新聞提要

西元前500年到西元500年，這段時間出現帝國興起與衰落。

帝國時代

強大的統治者與強有力的軍隊在世界各地擴展領土，也帶去了他們的技術、信仰與生活方式。對古羅馬人來說，從家鄉出發四處漫遊，就是他們主要的工作。

悠久的遺產

在中國，秦始皇統一先前交戰的七國，成為中國第一個皇帝。秦朝並未長久延續，但是秦朝開始建造的長城至今依然存在。

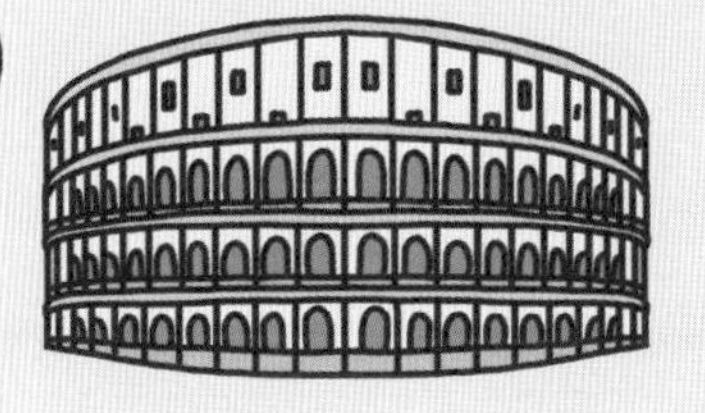

條條大路通……

羅馬，一座位於今天義大利的小山城，卻誕生出史上數一數二的大帝國，延續超過千年，還引申出「條條大路通羅馬」的說法。在羅馬時期，「條條大路」包括了絲綢之路，橫貫幾個大陸，從地中海延伸到中國。

羅馬的衰敗

俗話說，羅馬不是一天造成的。然而在西元410年，有支軍隊只花了三天就入侵這座城市，還在城市裡搶劫。羅馬的輝煌日子所剩無多，帝國終於在西元476年瓦解。

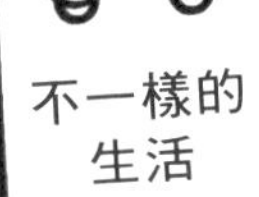
不一樣的
生活

中國皇帝

朕乃秦始皇，秦朝國君、
中國第一個皇帝。

拋入口！
吞下肚！
有毒的
含汞仙丹

今為西元前210年的
中國山東平原縣。
竟敢看著朕？該當何罪！

跪下來讀這段文字！
不知道朕是誰嗎？

拋入口！
吞下肚！

西元前221年，朕統一了戰國七雄（吾乃其中之一），成為第一個皇帝。

朕也開始在中國北方打造萬里長城。
起初，這座長城是以泥巴與石頭打造，
偶爾會加點米。

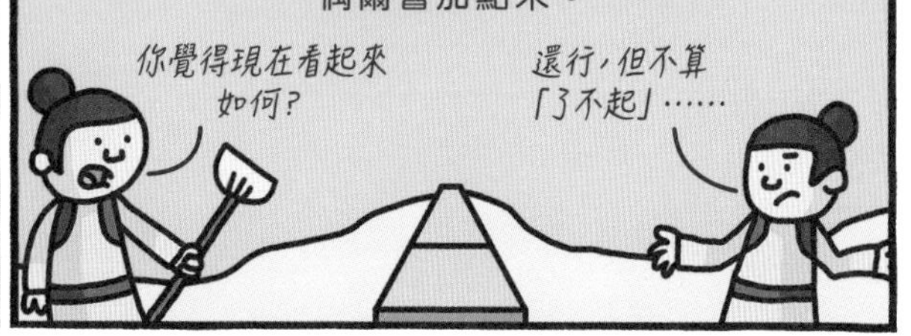
你覺得現在看起來
如何？
還行，但不算
「了不起」……

朕開鑿道路與運河，
統一全中國的度量衡與文字。

標準量匙

有人說朕焚書坑儒，
處死數以百計的學者，
因為他們不信魔法……傻瓜！

呃，姑且別談
此事。

朕正在興建死後使用的
巨大陵寢。

下葬的
好地方
驪山

但朕已服用神奇的長生不
老丹，所以不會死。哈！

拋入口！
吞下肚！

嗚呼！朕可能
搞錯了……

秦始皇的死因目前仍不
清楚，但可能是服用含
毒的長生不老丹，
反而命喪黃泉。

歷史筆記	兵馬俑

1974年，有人在無意間發現規模堪與城市相比的秦始皇陵，裡頭有超過8,000個和真人大小一樣的兵俑，目的是在秦始皇的來生保護他。這些兵俑是以赤陶製成，今天和馬匹雕像合稱為「兵馬俑」。

兵俑是以模型鑄造*，但每座雕像都長得不一樣。
兵俑會拿著真正的武器。
兵馬俑原本有鮮豔的色彩。
陵墓中也有和真實大小相同的馬俑。

*譯註：考古學家認為大批標準化製作的兵俑，陶工運用模具也搭配手工組裝。

不一樣的生活

染料骨螺

迦太基是地中海文明腓尼基的一部分，腓尼基人善於經商與航海。

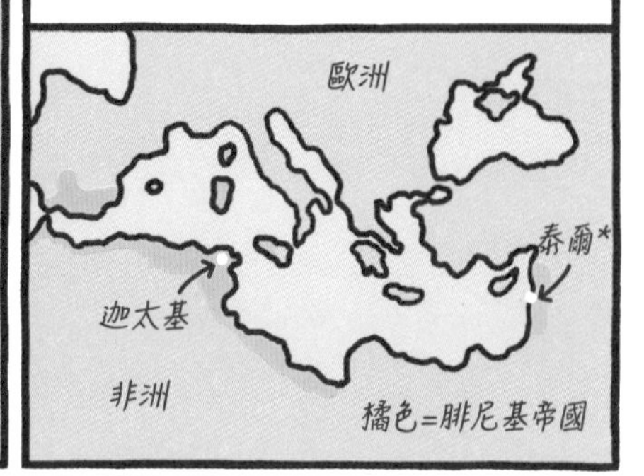

歐洲
泰爾*
迦太基
非洲
橘色=腓尼基帝國

你好！我是骨螺，是海螺的一種。歡迎和「螺」來到西元前220年的迦太基市。

但坦白說，我要把這裡稱為「殺太急」市，因為我們都要死了。

嗄？

腓尼基人最珍貴的出口品是一種鮮豔的布料染料，稱為「泰爾紫」，這是以「泰爾」這座城市來命名。

泰爾紫染料會以黃金來秤重計價——真的！

你好，染料能賣我嗎？
行！
黃金

泰爾紫非常昂貴，只有富人與皇帝的衣服才用得起。

你好！
我們穿著最潮的紫色衣服！

問題是，光是要製造一點點的泰爾紫染料，就得讓好幾千顆骨螺送命。

以不要再說泰爾「死」嗎？

我們會被丟進大槽裡壓死，煮滾，之後放著腐爛幾天。

真是臭翻天的工作。

不同種的骨螺所產生的顏色會有點差異。

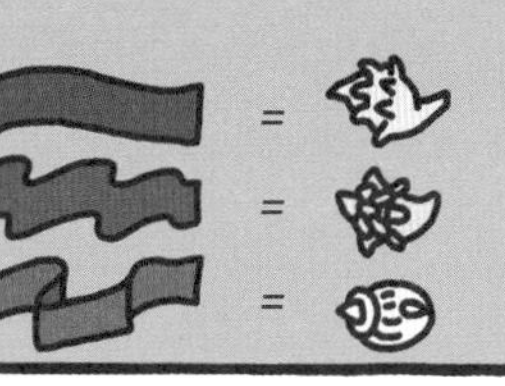

=
=
=

浸過這些染料的羊毛，經過日曬也不會褪色，因此在各個大陸都價值不斐。

只是穿起來還是一樣會癢。

我會知道這些，是因為牆上的皮革這樣寫。

哇！你讀得懂嗎？有夠厲害欸！

腓尼基人發明的字母，也是世上最早的字母之一。

現在還是快逃吧……
祝你好運！

過了半小時……

對海螺來說很不容易……
加油啊！

*譯註：也稱為提爾或推羅

不一樣的生活

戰象

歡迎來到義大利北部，現在是西元前218年12月。我是一頭戰象，老實說，我不太高興。

「去義大利旅行吧，」他們說，「很有趣喔……」
象牙劍

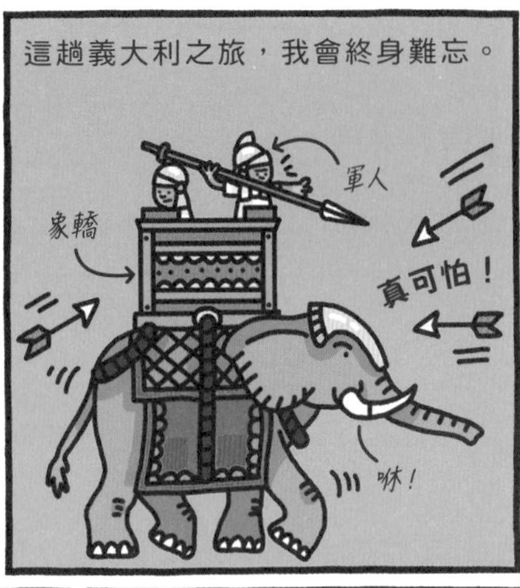
這趟義大利之旅，我會終身難忘。
軍人
象轎
真可怕！
咻！

都是這人的錯。
漢尼拔巴卡
西元前247到前約181年

他是來自迦太基的軍事將領，我們要對羅馬帝國發動奇襲。

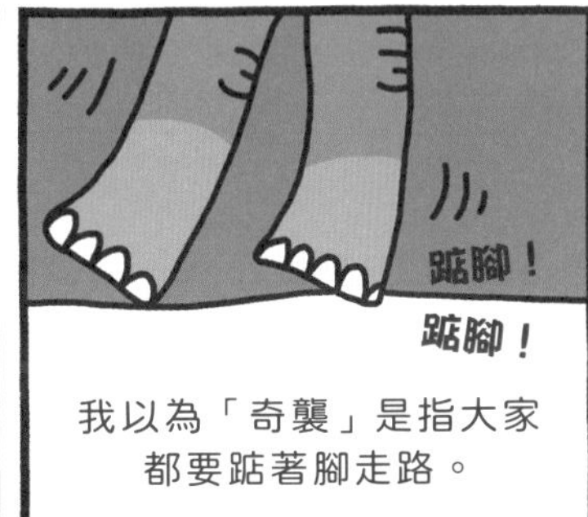
踮腳！
踮腳！
我以為「奇襲」是指大家都要踮著腳走路。

其實是指我和另外36隻象，要跟著軍隊從西班牙前進1,600公里。
阿爾卑斯
羅馬
西班牙
漢尼拔的路線
義大利

途中要穿越義大利阿爾卑斯山區。
我好冷……
我好餓……
我怕高！

羅馬軍隊會以火來嚇我們大象。

老實說，能取暖真是好事一樁。為什麼要在冬天來這裡呢？
救命！
跌下去了啦！

我們贏了這場戰爭，但只有一頭大象活下來……就是我。哈啾！

不一樣的
生活

羅馬格鬥士

哈囉，歡迎來到義大利羅馬，現在是西元90年。想要找一份娛樂大眾的工作嗎？

那就跟我一樣吧！我是羅馬競技場的格鬥士。

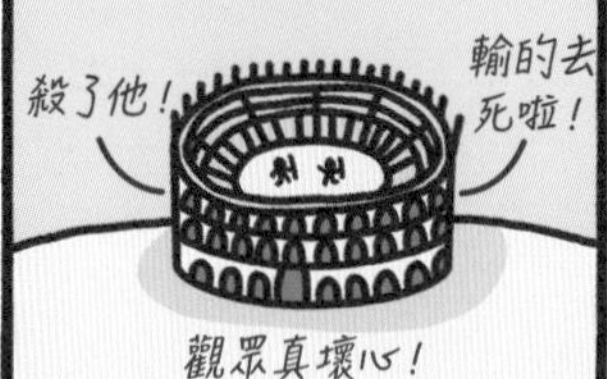
殺了他！
輸的去死啦！
觀眾真壞心！

我這種格鬥士稱為「網格鬥士」。

銳利的三叉戟
護臂
大型魚網
裸胸

你注意到了吧，我沒有頭盔，還得和這個人拚命。

嘰哩咕嚕、嘰哩咕嚕、嘰哩咕嚕……
大型金屬頭盔

抱歉。我剛才是說，我是追擊格鬥士，我用的格鬥短劍（GLADIUS）就是「格鬥士」（GLADIATOR）的名稱由來。

不知道是誰想出這些莫名其妙的服裝，總之服裝有很多種……

皮手套格鬥士：我有戰鬥用手套。
海魚格鬥士：我有魚形頭盔。
重裝格鬥士：我有短矛。
膽小鬼鬥士*：我有媽媽給的小抄。

＊可能不是真的。

大部分格鬥士都是奴隸或罪犯，通常撐不到十場戰鬥就陣亡。

接下來輪你們兩個上場。

人家都說，重要的是勇敢赴死。唉！

嘰哩咕嚕！*

＊我討厭這差事！

後來……

據說他勇敢赴死……
RIP

胡說八道！

歷史筆記

戰鬥學校

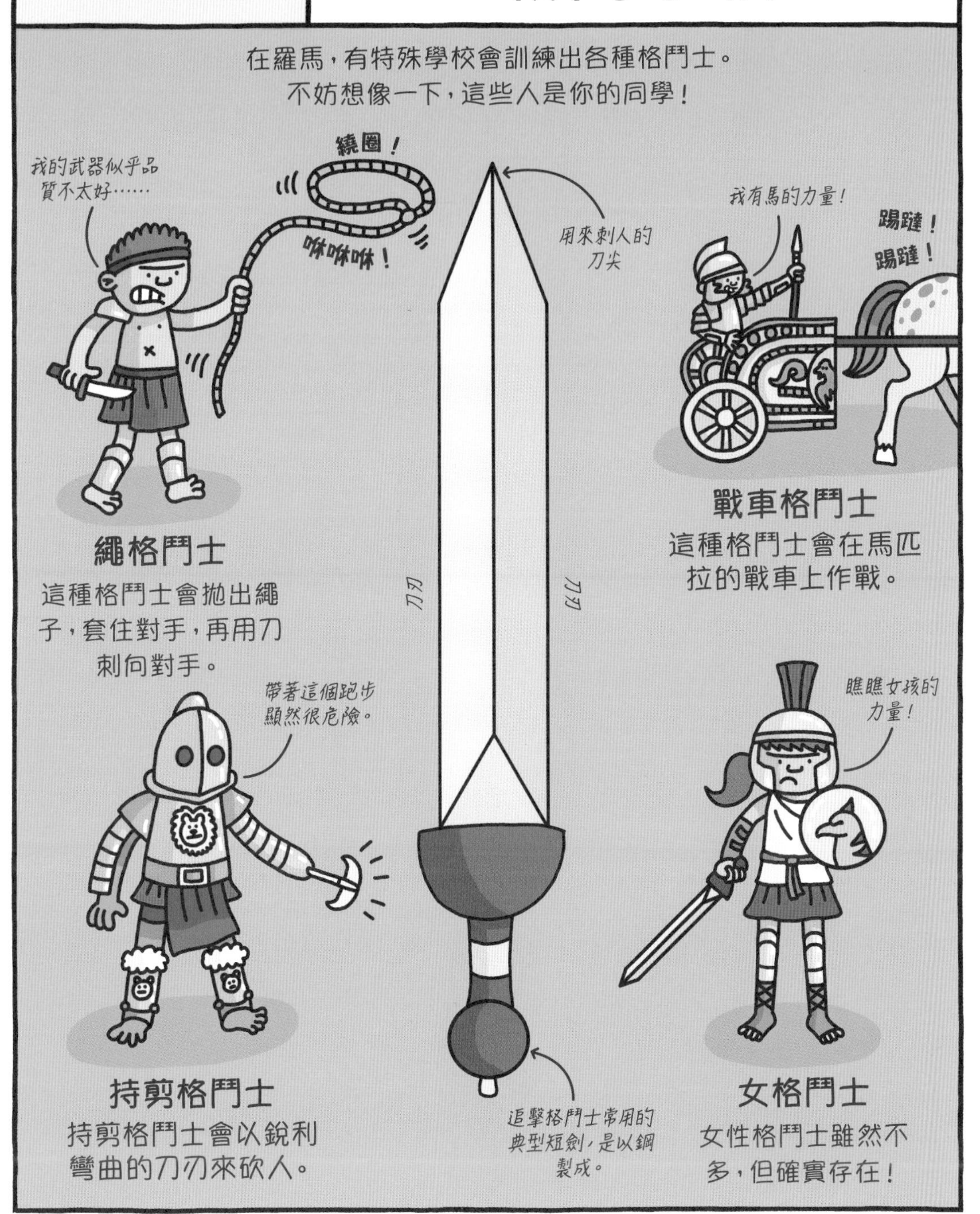

在羅馬，有特殊學校會訓練出各種格鬥士。
不妨想像一下，這些人是你的同學！
我的武器似乎品質不太好……
繞圈！
咻咻咻！
用來刺人的刀尖
我有馬的力量！
踢躂！
踢躂！
戰車格鬥士
這種格鬥士會在馬匹拉的戰車上作戰。
繩格鬥士
這種格鬥士會拋出繩子，套住對手，再用刀刺向對手。
刀刃
刀刃
帶著這個跑步顯然很危險。
瞧瞧女孩的力量！
持剪格鬥士
持剪格鬥士會以銳利彎曲的刀刃來砍人。
追擊格鬥士常用的典型短劍，是以鋼製成。
女格鬥士
女性格鬥士雖然不多，但確實存在！

龐貝城住宅

的祕密日記

這是西元79年的「小屋」日記，地點在羅馬時代的義大利龐貝城。

我的外觀

我的內在美

第1天

這星期可奇了！他們說「隔牆有耳」，其實我們房子真的會聽人說話。今天有對情侶從外頭的街上經過，說我看起來多麼無趣。好吧，坦白說，龐貝城所有房子外觀都差不多。但我這間房子裡可是富麗堂皇——瞧瞧我的畫像！我有石柱、庭院、花園、雕像、繪畫，甚至有流水造景。

第2天

經過昨天的羞辱之後，今天有人進來摸我的濕壁畫時，感覺真是好多了。濕壁畫是在房間牆上的彩色繪圖。我的主人自認為品味高尚，因此壁畫中畫的是戰爭，以及神話裡的神祇。對了，牆上也有他們的畫像呢，多虛榮啊！

內有惡犬

第3天

又發生了一件惹怒我的事！昨天夜裡，有人在我的外牆上刻了「阿飛到此一遊」。人類稱這種對牆壁的攻擊為「塗鴉」。如果阿飛膽敢回來，希望狗兒小花能給他好看。在門廳地板上有大大的馬賽克鑲嵌畫，上頭也有小花的圖像，還寫著Cave Canem，意思是拉丁文的「小心惡犬。」

第4天

有點可怕。附近的那座山其實是活火山，叫做維蘇威。大約在午餐時間，開始天搖地動，維蘇威火山噴發，巨大的火山灰雲直逼龐貝城。我的主人抓了貴重財物就逃，徒留我埋在一公尺的火山灰下。還有什麼情況比這慘哪？

今天的模樣

大約第70萬9,000天

答案是，有——還真的發生了。隔天滾燙的火山灰與氣體包圍這城市，於是城市毀了。多數人已經逃離，但還是有許多人死亡。大約過了2,000年，考古學家發現我埋在六公尺的火山灰與火山浮石下。我和城市其他部分所剩下的痕跡，正好讓你們現代人一探古羅馬生活的樣貌。

不一樣的生活

絲路駱駝

歡迎來到橫越東亞的絲路，現在是大約西元200年。不好意思，我邊走邊說……

從這條路的名稱，你大概猜得到我運送的是什麼。

多達250公斤的絲綢，猜不到嗎？

現在是路上的交通尖峰時間，時速五公里算尖峰吧。我們駱駝排成長長一列，稱為駱駝商隊，載運著將要買賣的商品。

沉重腳步，緩慢前行！

羅馬人會買中國絲綢，因為絲綢和羊毛相比，顯得精緻柔軟。

絲綢穿起來不會癢。

羅馬人或許有龐大的帝國，卻不知道如何製造絲綢。絲是由蠶繭的纖維紡織而成。

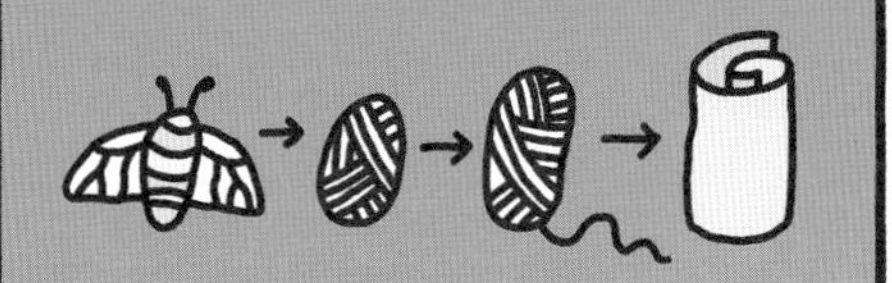

羅馬人還以為絲長在樹上呢。

真是異想天開！

中國人把守這個祕密好幾個世紀！

絲路從中國延伸到地中海。

穿越炎熱的沙漠……

好渴！

攀登高山……

好暈

行經冰冷的平原……

這下子我真的憂鬱啦！

幸好只要走其中一段，就能把絲綢賣掉，換取商品載回。這一路上都有市場與貿易站。

絲綢可以換取中國需要的東西。

金銀
馬匹
象牙
武器
羊毛
香料

我八成是載了胡椒……

哈啾！

歷史筆記

路線圖

今天我們所稱的絲路，是西元前二世紀從中國出發的商路。
絲路實際上不只有一條，而是彼此相連的幾條路，全盛時期從中國延伸到6,400公里外的地中海，大多數是靠駱駝運送。

絲路上有許多城鎮是靠著市場發展起來的，包括歷史古都撒馬爾罕。船會把貨物載到地中海沿岸，送到羅馬與歐陸，而絲路有一部分延伸到印度。

● =主要貿易站
萬里長城
北京
撒馬爾罕
安提阿
地中海
中國
波斯御道
上海
阿拉伯半島
印度
非洲
糟糕！

絲路在15世紀終於不再使用，因為那時貨物多已靠海上運輸。這時要傳播觀念、知識、宗教也比較容易了；人可以更方便移動，連疾病也更容易擴散，例如中世紀發生過的黑死病。

不一樣的生活

羅馬雕像

歡迎來到西元410年
8月24日的羅馬，
順帶一提，今天是星期三。

我是圖拉真
皇帝的青銅
像，屹立在
30公尺高的
石柱上。

瞧瞧底下發生的情況，
能站這麼高真是慶幸！

西哥德國王亞拉里克，
率領了部隊入侵羅馬。

羅馬人認為西哥德人是「野蠻人」——指的是不說拉丁文的
非羅馬人。這三字還用於許多敵對的部落：

衝啊！
西哥德人
(來自法國)

殺啊！
哥德人
(來自羅馬尼亞)

納命來！
汪達爾人
(來自波蘭)

看我的
厲害！
匈奴人
(來自中亞)

市民稱這樣的攻擊為「洗劫羅
馬」（Sack of Rome）。

我以為你是說把羅馬的
東西裝到麻袋*。
對，也要裝
麻袋。

拉文納是比較安全
的城市，於是取代
羅馬，成為西羅馬
帝國的首都。

東羅馬的首都則是君士坦丁堡
(今天的伊斯坦堡)
拉文納
羅馬
紅色＝西羅馬帝國
紫色＝東羅馬帝國

西哥德人並未破壞羅馬的建築，
但花了三天的時間，盜走有價值的東西。

珠寶
我們西哥德人
很忙的！
奴隸
金銀

幸好我站在高處，
似乎很安全。

鴿子咻地飛來！

咕咕！
喂，走開啦！
啪！
我討厭星期三！

這座雕像在中世紀消失了，
但石柱今天仍在羅馬屹立不搖。

*譯註：SACK也有「袋子」的意思。

中世紀

從西元476年羅馬帝國滅亡，到1492年義大利超級水手克里斯多福・哥倫布抵達美洲，這一段期間，就是歷史學家所稱的中世紀。

在這個時期，人們似乎滿腦子都是信仰和戰鬥，他們也想像許多珍奇異獸，例如龍和美人魚。有些宗教彼此競爭，信徒之間發生血腥戰爭，帝國則經歷興衰，城市與土地在其他國家入侵之後也會不斷易手。同時，修道院的修士努力記錄這段歷史，以造福未來世代……

不一樣的生活

賽馬

哈囉！現在是533年，歡迎來到君士坦丁堡，也就是你們說的伊斯坦堡。咴！

君士坦丁堡是羅馬帝國東半邊的首都，這裡也稱為拜占庭帝國。

我和其他三匹馬拉著戰車，這種戰車叫四馬雙輪戰車。

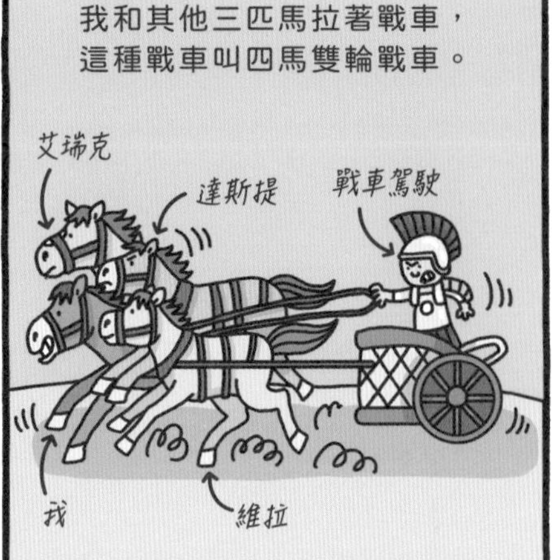

艾瑞克
達斯提
戰車駕駛
我
維拉

我們在市中心的U形跑道賽跑，這裡稱為「賽馬場」，一旁就是查士丁尼大帝的皇宮。

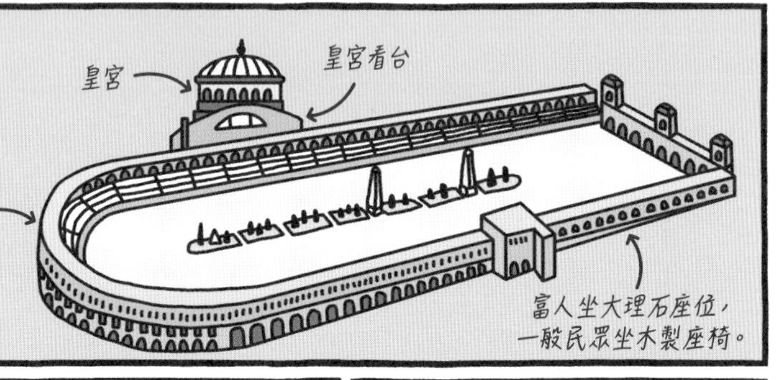

皇宮
皇宮看台
座位可容納超過30,000名觀眾
富人坐大理石座位，一般民眾坐木製座椅。

競爭隊伍會彼此較勁；兩方叫做「藍黨」與「綠黨」。

藍黨漏油！
綠黨快輸吧！

大帝支持藍黨，因此綠黨會對他叫囂。

你這個沒用的藍笨蛋。
沒禮貌！

兩隊到了運動場外還是經常叫囂。

我是心狠手辣的綠黨。
我把要你們揍到瘀青。

事實上，西元532年1月，藍黨與綠黨發生衝突，暴動五天，把這座城市燒了一大半*。

玩過火了……

*這就是「尼卡之亂」

於是皇帝派軍隊鎮壓，造成30,000名暴動者死亡。

今天藍黨綠黨都完蛋了。
哎喲！救命啊！

或許有一天，人類會學到要講理。

嗯……
我可不確定！

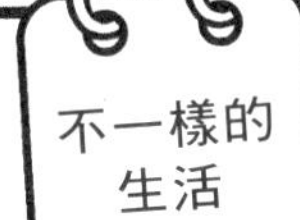

不一樣的
生活

金箔

嗨！我是一片薄薄的金箔。現在是537年，我在君士坦丁堡的藝術家工坊。

金閃閃！
亮晶晶！

多虧查士丁尼大帝，我有個燦爛的未來。

不妨叫我閃亮之王！

他就快蓋好一座宏偉的教堂，裡面盡是美侖美奐的藝術作品。這座教堂名為「聖索菲亞大教堂」。

我的名字是「神聖智慧」的意思。

查士丁尼是基督教徒，因此教堂內有許多宗教圖像與文物，許多都鑲上珠寶，色彩繽紛，光彩奪目。

壁畫

馬賽克

聖經與其他宗教用品

也有許多較小、可攜帶的木板繪畫，稱為「聖像」。這些聖像很受歡迎。

哇，這很流行呢。
沒錯，是時髦的聖像。

最新的流行風格以帝國名稱來命名，稱為「拜占庭風」。真等不及成為其中一員！不知道我最後會在哪裡呢……

我在這！在聖索菲亞大教堂圓頂內的馬賽克磚上。

當然，蓋這座教堂是因為舊教堂在愚蠢的暴動中被燒毀*……

*見左頁

1453年，君士坦丁堡落入鄂圖曼帝國的手中，於是聖索菲亞大教堂成為清真寺，多了四座巨塔……但我還在這裡喔！

不一樣的生活

安地斯神鷹

嗨！我是安地斯神鷹，歡迎來到你們所稱的祕魯納斯卡山谷，現在大約是西元400年。

住在這裡的人經常在他們堆造的土丘上聚會。

他們也會收集人頭。

你在哪裡找到這顆綁著繩子的人頭？

就在附近……

這個地方稱為卡瓦奇古城，可能是個重要的宗教聖地。納斯卡人在這裡製作各式各樣的東西。

精美陶器

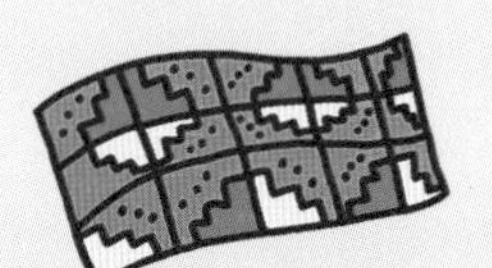

圖案精緻的布料與織品

許多人頭

奇特的坐姿埋葬

這些人也在沙漠上留下記號……真的！看看這些線條，人類把地面上顏色較深的石頭刮除，做出這些圖案。

蜘蛛

蜥蜴
蜂鳥
長長的直線
(未完成之作)

有些圖案和運動場一樣大，只能從空中俯瞰全景。

猴子

長寬各為93與58公尺

納斯卡人沒有文字，所以不知道這些線條究竟代表什麼意思。

咻！
振翅飛翔！

這個本來是要畫隻神鷹吧。

哼，哪比得上我！

不一樣的生活

馬雅可可豆

歡迎來到馬雅大城市
卡拉克穆爾，
現在是西元600年左右。

我是可可豆，
住在剛從樹上採下的可
可果莢裡。果莢裡有很
多可可豆。

你好！
哈囉！
嗨！

這座城市是馬雅文化的大城，
範圍為從墨西哥延伸到貝里斯和
瓜地馬拉。馬雅人是高明的藝術
家、建築者與數學家。

卡拉穆克爾
大約有五萬
居民。
城市的主金
字塔高達
45公尺。

階梯式的石造金字塔，
是巨大的神廟。

我們爬完
一半沒？
還沒，還有一
大半路。

金字塔會這麼龐大，
或許是因為馬雅人敬拜的神超過200位！

伊察姆納，
掌管天堂與日夜的神

恰克，雨神

伊希切爾，月神

城市是由能與神溝通的國王統治。

我有點受夠雨神了。

為了討神祇開心，
這裡會把人類當作獻祭品。

有誰自願嗎？

他們說，神會賜予
禮物當作回報，
例如可可豆。

啊……

他們會製作一種神聖的點心，
叫做「巧克力」，
這時我們顯然會扮演重要角色。
知道我們做些什麼嗎？

呃，知道啦……

……人類會烘烤、磨碎我們，
再加點水，就成為富人
飲用的奢華飲品。
好好喝！
神的食物。

嗯，這就是馬雅人的生活——
一日為豆，隔日不「豆」留。

唉，難道不能喝杯
羊奶就好嗎？

不一樣的生活

古代不列顛人

哈囉！我們是不列顛的本地人，住在你們稱為不列顛的島上。現在是西元600年，羅馬人已離開差不多200年了。

能擺脫他們真好。

欸，別忘了我！
噢不——還有盎格魯人！
什麼？

盎格魯人是來自盎格利亞（今天丹麥與德國北部）的入侵者。不過，入侵者不只有他們。在羅馬人離開不列顛之後，許多種族都入侵不列顛。

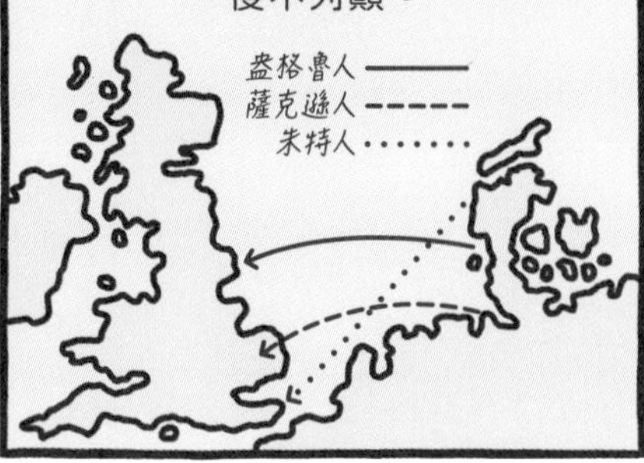

盎格魯人
薩克遜人
朱特人

我是薩克遜人，來自德國的薩克遜。
我是朱特人，來自丹麥的日特蘭半島。
對，很不歡迎你們。

在羅馬人離開之後，許多不列顛人回歸到鄉村小屋，而不是住在城市。

房子漂亮喔！

謝啦，大家都叫它羅馬木屋*。

但是入侵者一波波到來，原本的不列顛人只好遷居到島嶼西邊。

你來這裡打仗嗎？
當然，我搭著巨大的木製戰船。

現在我們住在小小的王國，經常要對抗入侵的野蠻人，並且建造防衛設施「護堤」。

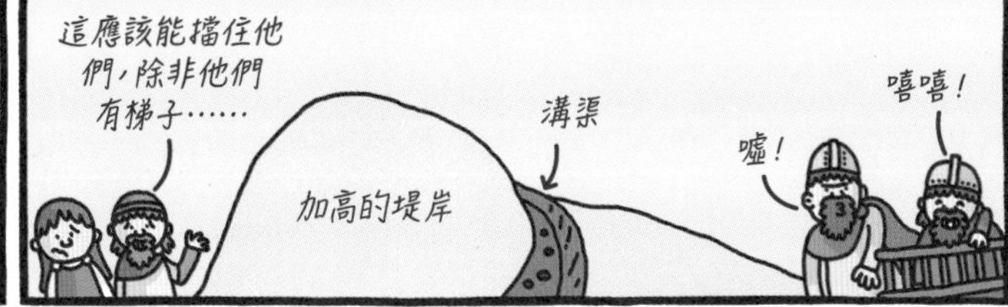

這應該能擋住他們，除非他們有梯子……
溝渠
加高的堤岸
噓！
嘻嘻！

但我們這邊也有祕密武器……亞瑟王！

抱歉，歷史上沒有證據顯示我確實存在……
哈哈！
糟糕！

現在該怎麼決定誰能佔領不列顛？
呃……丟個什麼吧？

我是說丟銅板決定啦……啊！！！

盎格魯薩克遜人統治英格蘭400年。

*譯註：原文Dun Roman有諷刺羅馬人離開的意味。

歷史筆記

戰鬥頭盔

這頂有面罩的金屬戰盔，原本可能是由一名盎格魯薩克遜國王配戴。1939年，英國東盎格利亞的薩盾胡考古遺址中，發現了這頂埋在墓堆中的頭盔。當時僅是一大堆的碎片，後來專家像在拼大型立體拼圖，把頭盔重新組合完整。

船型棺

這座墳裡有一艘船的殘骸，逝者就躺在這艘船裡。

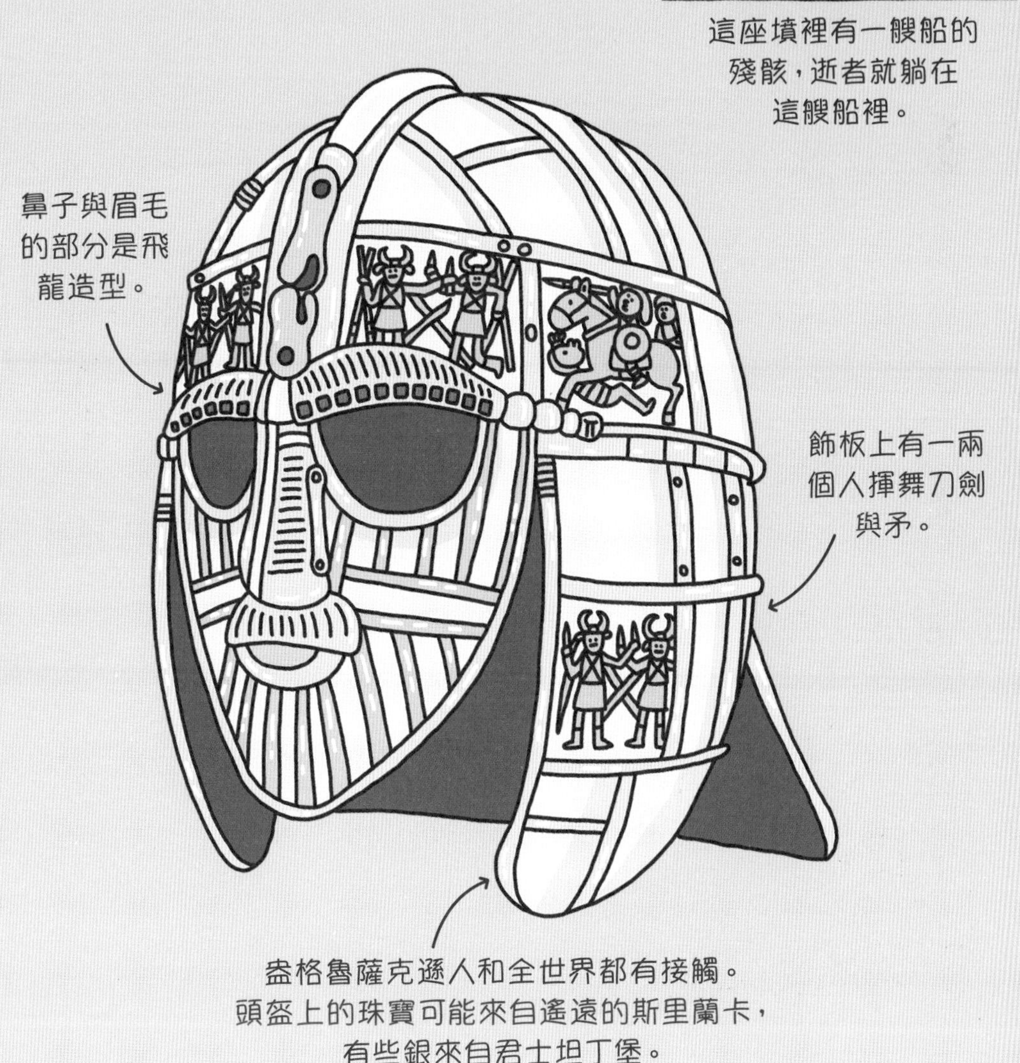
鼻子與眉毛的部分是飛龍造型。
飾板上有一兩個人揮舞刀劍與矛。
盎格魯薩克遜人和全世界都有接觸。頭盔上的珠寶可能來自遙遠的斯里蘭卡，有些銀來自君士坦丁堡。

維京人

的祕密日記

以下的日記摘自一名15歲的
北歐青少年克努特，
他在西元850年左右，
住在現在的瑞典。

準備出海的我

太陽日（星期日）

大消息！今天我和平常一樣在小農場上工作，這時有人通知，我將和村民渡海到英格蘭，展開下一趟掠奪行動，希望能搶到金銀財寶。這是我第一次以「維京人」的身分出海——「維京」的意思就是搶劫者。

媽媽和我在自家農場

父親的紀念石碑

月之日（星期一）

我要出門讓媽媽很不高興。我的父親武夫·費爾彼得（Ulf Firebeard）上次去英格蘭搶劫後，就沒再回來，讓媽媽成了寡婦。今天早上，我們一同去他的紀念碑看看，這座紀念碑在一處聖地，他的名字以北歐人用的盧恩文刻在石頭上。

我的名字以盧恩文寫的話就像這樣：ᚴᚾᚢᛏ

戰神提爾日（星期二）

我們有很多神，眾神之王是奧丁，
戰神則是提爾。看來今天是練習武藝的
好日子。我的斧頭有個暱稱是「顱骨殺
手」！媽媽看起來又不高興了，
但給了我一個幸運符佩戴，形狀是索爾
的斧頭。索爾就是雷與閃電之神！

奧丁日（星期三）

我到村子裡去觀看長船「席斯金米爾號」
，這個名字代表「掠海航行者」，
是為了明天將展開的三天航程所做的
準備。這艘船會載30人，
大家會坐在自己的藏寶箱上用力划槳。
或許是因為船首的巨大龍頭吧，
總之我覺得興奮，又有點害怕。

索爾日（星期四）

真不公平！本來要出發了，卻碰上強烈
暴風雨和雷鳴閃電。索爾似乎很不高
興，所以這次搶劫行動延後了。
不過，媽媽倒是很高興，
或許她的幸運符發揮功用了！

媽媽的幸運符

不一樣的
生活

女皇

朕是武則天。現在是西元700年，朕乃是中國第一位，也是唯一一位女皇。朕警告你……

……朕到處都有眼線，時時觀察敵手。

我們會盯著你！
也會聽你說了什麼！

不僅在京城洛陽如此，還遍布全天下！

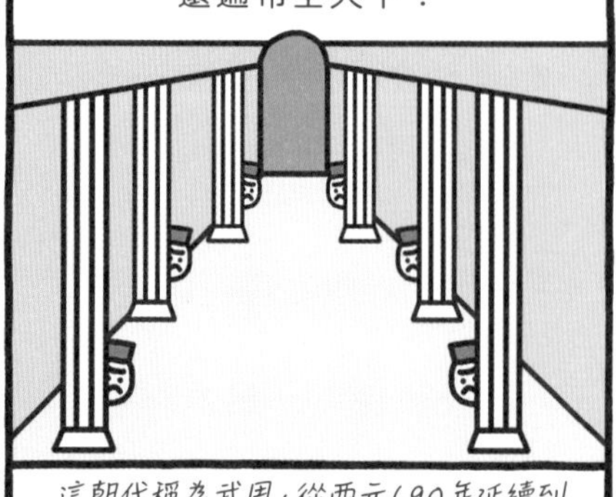

這朝代稱為武周，從西元690年延續到705年，此時中國的疆界往西擴張。

朕會除掉任何擋在我王位前的障礙——連自己的兒子也不例外。這樣不對嗎，孩子？

對的，媽咪！好可怕！
前皇帝唐中宗
前皇帝唐睿宗。

然而朕也有好的一面：朕重啟了因瘟疫而封閉的絲路，還建造宏偉的建築。

西安大雁塔
朋友們，我又出現啦！請參見46-47頁。

朕也推廣佛教，請人在龍門石窟的岩壁上，鑿出宗教雕像。

據說最大的一尊佛像，是依照朕的面容雕刻而成的。

這座佛像的耳朵長達兩公尺。

盧舍那大佛有17公尺高。

即使如此，朕不知往生後是否有人記得。唉！結果呢……

沒人記得！朕那六公尺高的紀念石碑，空白了1,300年。

歷史筆記

發明專家

中國是「四大發明」的誕生地，有些甚至可追溯回2000年前，全都是劃時代的創舉。

人們發現，若把一種天然磁石放在木板上於水面漂浮時，磁石總會指向南北。中國發明家就在西元前三世紀，把天然磁石製成湯匙，放在青銅盤上，製造出第一個**指南針**。

火藥在九世紀發明，混合煤炭、硫磺與硝酸鉀，點燃後就可以發射大砲，也能驅動火箭與煙火！

千 一 零
兆 六 五
零 千
五 兆
六 一
千 零
兆 五
一 六

造紙術是西元105年由宦官蔡倫發明。據說，他是把樹葉、破布與舊漁網混合之後壓平，造出第一批紙。

在木板上塗上油墨的**印刷術**，可追溯至西元868年之前。會知道這一點，是因為世界上最早的印刷書記錄著日期，這本書就是《金剛經》。

其他中國遠古的發明還有：

筷子（約西元前1200年）

瓷器（約西元600年）

衛生紙（約西元850年）

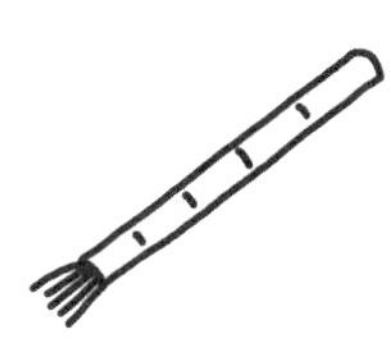

牙刷（約西元850年）

紙錢（約西元900年）

不一樣的生活

中世紀修士

您好，我是麥可修士。現在是西元1000年左右，我在法國修道院。

對不起，我不能和你說話！

我和幾百位修士在這裡生活、祈禱與工作，一天大部分的時間必須保持肅靜。

修道院長會確認每天遵守差不多的作息時間表。

早上
2點：早禱，之後研讀聖經
5點：朝讚課（繼續禱告）
6點：早課（到教堂禮拜），之後研讀聖經
9點：第三時課（繼續禱告），之後工作

下午
中午：第六時課（唱彌撒），之後吃午餐（好耶！）
下午3點：第九時課（繼續禱告）
下午4-5點：晚課（猜猜看……）
下午6點：晚禱（這就對了）
傍晚：就寢（睡在麥稈草蓆上）

我的修士弟兄各有各的工作。

奧多釀酒。
乾杯！

克勞德釀啤酒
乾杯！

休斯養豬。
臭臭的
沒辦法，是上帝交待的。

我是抄寫員，工作是日復一日抄寫聖經。修士是少數會寫字的人。

這工作很累。

回去好好工作，麥克修士。

之後……
zzzZZ…

新聞提要

世界上不同地區會發展出不同的宗教，
也帶來令人讚嘆的建築，
並促成思想和學習的進步。

華美寺廟

11世紀的韓國以佛教為主要信仰，這時僧院不光是具有宗教意義的寺廟，也坐擁財富，提供學習地點。不久之後，印度教信徒在高棉首都吳哥窟，興建宏偉的寺廟，日後這座寺廟會變成世上最大的宗教建築。

吳哥窟位於今天的東埔寨

機器人製造者
加扎利

聰明的思想家

同時，中東許多國家興起了新宗教——伊斯蘭。穆斯林學者依據古希臘的研究，在科學與數學上大有進展，並給了我們「煉金術」與「代數」的詞彙。

國王與征服者

1066年，英格蘭的薩克遜國王哈羅德戰敗。征服者是來自諾曼第的威廉，他開啟了一條皇家系譜，聲稱其統治權是來自上帝的賜予。150年後，這信仰對另一位英國國王約翰王，帶來嚴重屈辱，卻催生了名留青史的文件——《大憲章》。

哈羅德二世，
英國最後一
位盎格魯薩
克遜國王

不一樣的
生活

兩只青銅碗

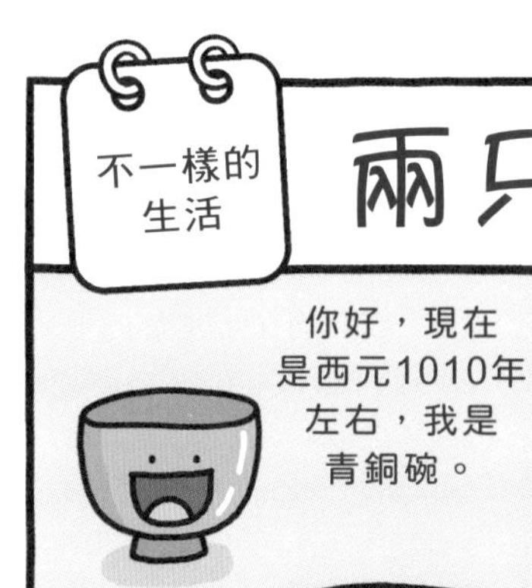
你好，現在是西元1010年左右，我是青銅碗。
我也是！

我們在高麗王朝時代的和尚背袋裡——高麗就是你們所稱的韓國。
哐噹！
哐噹！
哐噹！
拜託，小心一點！

不知為何，當地村民把我們捐給這位和尚的寺廟。
主殿
石塔
鐘樓
碎石花園

高麗王朝的藝術正蓬勃發展！

有鶴與雲的青瓷蜜罐

蓮花碗

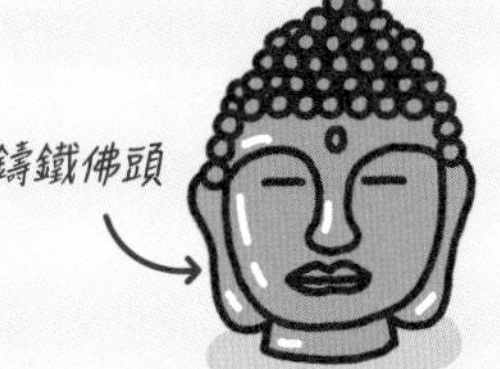
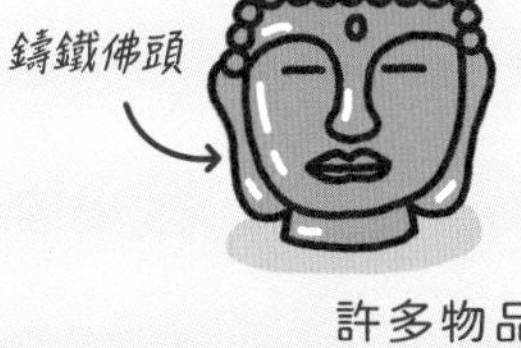
鑄鐵佛頭
青銅龍頭
(好兇喔！)
許多物品會以佛教象徵來裝飾

高麗人運用雕版印刷的《高麗大藏經》。

國王想做什麼，都會說佛陀與他同在，對抗高麗的敵人。
無論多少都有幫助……

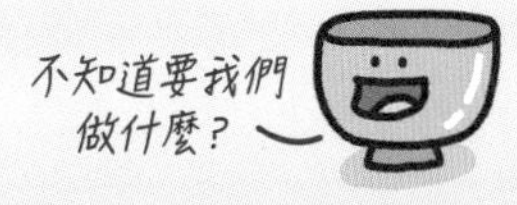
希望我們也能發揮一己之力！
不知道要我們做什麼？

製鐘師傅，這裡又有青銅，可以讓你拿去融。
萬分感謝。
不會吧！

幾個月後……
咚！
巨型青銅鐘完成，能將和尚召集起來誦經。

我頭好痛。
咚！
抱歉！你說什麼我都聽不到。

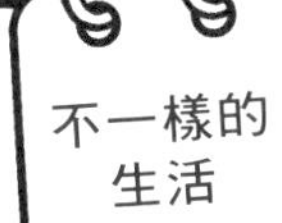

不一樣的
生活

砂岩建築

吳哥是高棉帝國的首都，
位於現在你們所稱的柬埔寨。
廟宇本身非常壯觀。

你好，現在是西元1130年左右，我是一塊砂岩磚，正等待雕刻，裝到吳哥窟的廟宇上。

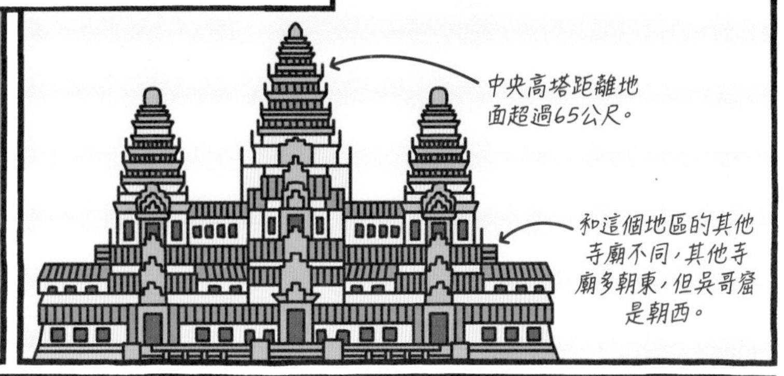

中央高塔距離地面超過65公尺。
和這個地區的其他寺廟不同，其他寺廟多朝東，但吳哥窟是朝西。

吳哥窟是由高棉國王蘇利耶跋摩二世興建，動用了約30萬名勞工與6,000頭大象。

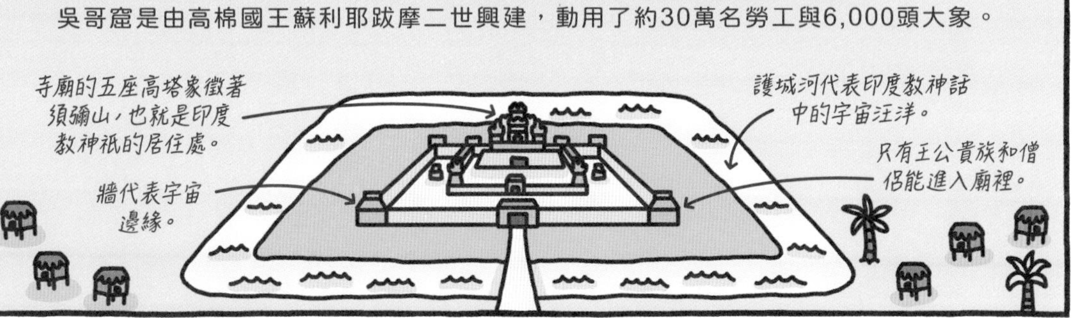

寺廟的五座高塔象徵著須彌山，也就是印度教神祇的居住處。
護城河代表印度教神話中的宇宙汪洋。
牆代表宇宙邊緣。
只有王公貴族和僧侶能進入廟裡。

當然，這不表示我見得到和神一樣的國王，多數平民百姓也見不到他。

平民住在城市郊區的簡陋茅屋裡。這些屋子會架高，夏天時才不會被季風帶來的洪水淹沒。

雨會下很久嗎？
只會下三、四個月！

說不定我會成為毗濕奴雕像的一部分。

這座廟可能是獻給印度教保護神——毗濕奴。

看來謎底要揭曉囉！

敲敲！
打打！

後來……

你看！我變成國王啦！

蘇利耶跋摩二世留下來的石像不多，但有一座就在吳哥窟。

巴約掛毯師

的祕密日記

摘自艾迪絲的日記，
一位約1070年英國的盎格魯
薩克遜刺繡師

我！

第1天

我們的刺繡工坊就位於坎特伯里大教堂外，今天傳來了大消息！師傅梅寶女士說，我們要製作一長串畫面來掛在整面牆上。這巨大的牆飾會顯示諾曼人威廉在1066年10月，率領軍隊入侵英格蘭，成為新國王與新領主。我們的國王哈羅德（我的英雄）遭到殺害，這件事情讓我至今依然悲傷不已，但我假裝是針扎到手指，隱藏真正的感受。

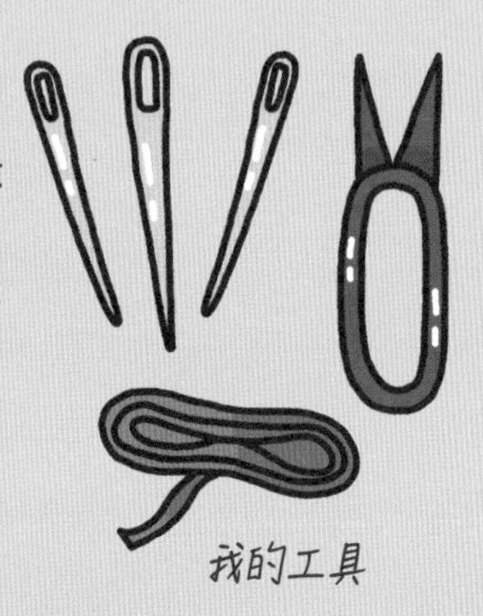
我的工具

厄德好缺德
70

第178天

這天又在亞麻布上縫另一個畫面，成品顯然會達到近70公尺長！下午，法國諾曼第的巴約主教厄德前來，他是國王同母異父的弟弟，在畫面上出現過幾次。厄德說，等「掛毯」完成之後，或許會把它掛在他管轄的法國天主教堂。笨蛋！那不是掛毯——是刺繡！

第206天

整個早上都在繡這顆1066年出現在英國上空，尾巴像在燃燒的星星。大家說，這顆星對哈羅德（我的英雄）而言是個凶兆。遺憾的是，他們說對了——對我來說也是壞兆頭，因為繡這顆星時扎了手指五次。

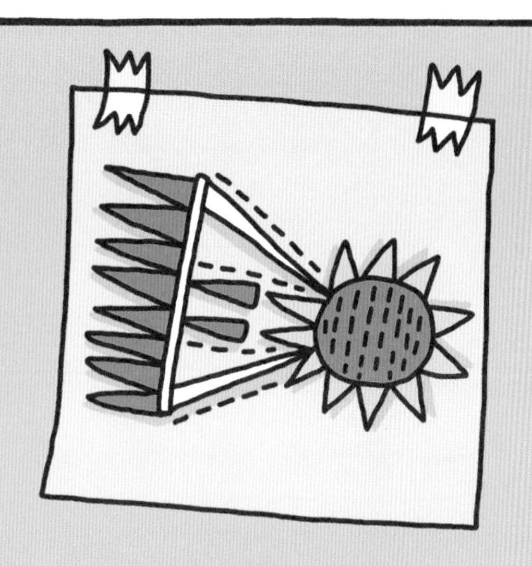

威廉鼓舞著軍人

第387天

我們正在繡戰爭場景，威廉的諾曼騎士騎著馬，在黑斯廷斯的森勒克山腳下，與哈羅德的軍隊對戰。有那麼一會兒，哈羅德（我的英雄）似乎勝券在握，因為威廉手下的騎士以為他們的領袖陣亡了。但威廉掀起頭盔，讓手下見見他的臉，於是他們士氣大振（真可惜）。我設法讓負責繡威廉的瑪麗把他繡醜一點，但她不敢。或許是明智之舉。

第453天

作品終於要來到最後的部分了。由於哈羅德是我的英雄（我說過這件事嗎？），我得繡他生前的最後時刻。從設計中看不出來他是因為箭射中眼睛，或被刀劍砍死。無論如何，他依然是我的英雄！

永遠的哈羅德

不一樣的生活

機器人製造者

你好，現在是1205年左右，我的名字是巴迪．札曼．阿布．伊茲．伊斯邁爾．伊本．拉札茲．加札利。

我是發明家，我很重視時間。

簡易
蠟燭鐘

我還幫自己打造了時間機！

我會幫自己的
發明畫下
細膩的圖。

加札利是阿圖克魯宮的主要工程師，這座宮殿位於今天的土耳其。

這是一座大象造型的時鐘。

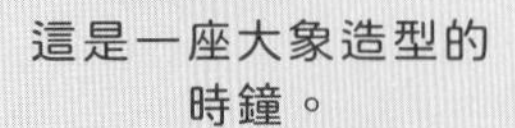

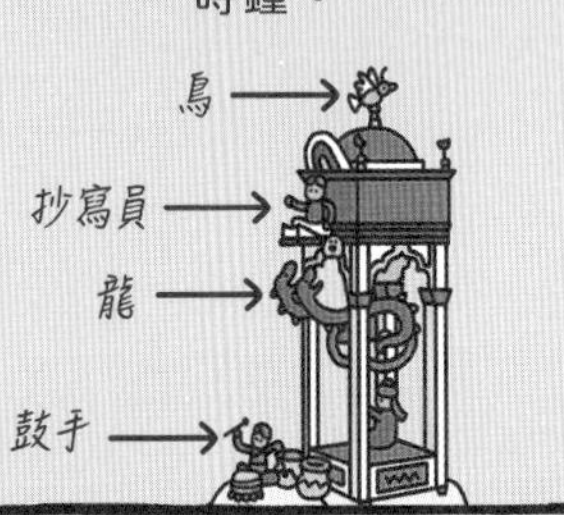

鳥
抄寫員
龍
鼓手

這座時鐘是靠裡面的水流動而運作。聽！現在要整點報時了！

啾啾！
敲敲！

伊斯蘭是很重視時間的宗教，這樣我們才知道何時祈禱。

祈禱時間
到了！
該去清真寺了。

我也找出時間，打造各式各樣的機器。你們現在最熟悉的，是我早期製作的機器人「自動機」。

巨大的城堡
鐘，上頭有
「機器人」
音樂家。

會端水和冰
茶的「機器
人」女侍。

這座水泵是
靠著機器牛
來運作。
我會自己
喝水，獲得
動力……

我把所有的發明寫進一本書，書名簡明扼要：《精巧機械裝置的知識之書》。

1206年
出版

書中描述50種不同的機器，包括第一座吸水泵。

我的吸水能力超級強！

啾啾！
敲敲！
先生，要喝
茶嗎？

謝謝，麻煩你了。

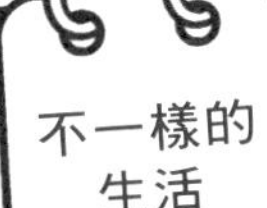
不一樣的
生活

亡羊

咩！我是1215年左右，徜徉在田野上的英國羊。我愛吃草，但下次與你相見時，會變成另一個很不同的模樣。

嚼青草！

就跟你說吧！我的皮做成了羊皮紙，是可在上面寫字的薄薄材質。

而且，我算得上是重要性數一數二的羊皮紙文件——這份文件叫做《大憲章》，是闡述人類基本自由的先驅。

這是以拉丁文，用油墨徒手寫成的文件，內容超過3,000字，如今只剩下四份抄本。
封蠟。

我會存在，是因為下面這位仁兄……

這是英國約翰王的皇室封章，他的在位期間是1199年到1216年。

他被稱為「壞國王約翰」，之所以壞，主要是因為經常丟失東西。

他丟失許多國外領土……

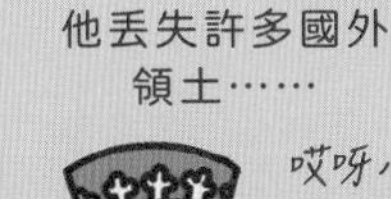

哎呀，我傻！

他丟失國家掌控權，使之落入教宗手裡……

我不對！

他還常常脾氣失控。

我是國王！照我的話去做！

最重要的是，約翰丟失了財力雄厚的英國男爵支持，那些人總是為國王的錯誤付出代價。

什麼？你想要更多錢？
我是國王！照我的話去做！

後來，25名男爵群起反叛，成立軍隊，逼迫國王同意他們擬定的法律規範。

照我們的話去做！
咚！蓋章。

我這是命中注定。

1215年6月15日，約翰國王在離倫敦市中心不遠的蘭尼米德草原幫大憲章蓋印，而不是簽署。

大憲章寫道，任何國王的權力都無法高於法律，因此……

任何自由人若未經地位同等者依法裁判，或經本國法律審判，皆不得予以逮捕、監禁、沒收財產。

這一條內容至今仍是重要的法則。

後來，約翰違背了自己的話，引來男爵群起反抗，直到他在1216年10月去世。

唉，這下子我連性命也丟了。

但是大憲章如今仍存在。

但我還是想念吃草的日子，咩！

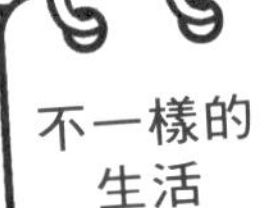

不一樣的
生活

蒙古皇帝

朕乃威震八方的成吉思汗！
現在是1225年，
朕是了不起的征服者，
蒙古帝國創建人。

朕權力無疆，並頒布規定，誰都不准畫朕的肖像。

X

朕開創龐大的帝國，範圍包括現代的蒙古、中國、伊朗、伊拉克、俄羅斯的部分疆域，及許多其他國家。在巔峰時期，蒙古帝國涵蓋2,300萬平方公里，是史上疆域最廣闊、綿延不絕的帝國。

傳說中，朕在1162年出生時，手裡握著一塊血塊。

男孩或
女孩？
恐怕是未來
戰將。

朕的父親是遊牧民族的酋長，總與其他部落打仗。

回家去！
不行，我沒
有家！

但我長大後，就想到可促成和平的聰明辦法——把他們全部擊潰就是了。

1206年，朕已將所有部落統整成龐大的蒙古軍隊，朕也獲得特殊稱號。

成吉思汗

意思是
「全世界的
統治者」
嗯……不錯！

之後，我出發征服其他國家，摧毀城鎮，奴役其他人。

陛下，果真
要摧毀全部
嗎？
你看不出朕
的笑容嗎？

好的一面是，朕對於其他宗教很包容，也禁止酷刑。
朕的孩子多到數不清。

他的眼睛跟
我一樣！
呃……
是呀！

有8%的中亞男性為
成吉思汗的後裔

朕駕崩時，要埋在低調的神祕墳墓，而不是某間愚蠢的廟。

你真幸運！

1227年，成吉思汗去世，
原因可能是墜馬。

第一張成吉思汗的畫像是在50年後才畫出來……

瞧，朕是綠
眼睛*

＊說不定喔！

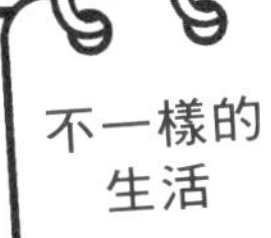
不一樣的
生活

毛利人

Kia Ora！這是毛利語的「嗨！」

現在是西元1300年左右。歡迎來到奧特亞羅瓦，也就是你們稱為紐西蘭的地方。

奧特亞羅瓦的意思是「綿綿白雲之鄉」。我們是從遙遠的地方飄洋過海，才定居於此。

毛利人的
獨木舟
不能找陽光之
鄉替代嗎？

玻里尼西亞諸島的居民到處探索，終於來到紐西蘭，於是這島嶼總算有人居住。

有一天，我們會被稱為「毛利人」——這個字在我們的語言中，意思是「一般」人（不是神）。

你瞧，我們不會說
自己像神一樣。

這才能代表
我們。

其實我們信的神可不少——有超過70名神祇。

朗吉努伊：
天父

帕普託努庫：
地母

都馬陶雲卡：戰神與
人類活動的始祖

我們為祖先製作的雕像，稱為「蒂奇」。

他肯定是和你
同個家族。

這些雕像會放在我們居住、打獵與捕魚的小村落周圍。對了，我們也帶了些老朋友！

老鼠
狗
地瓜與地瓜葉
哈囉，
又見面
囉！

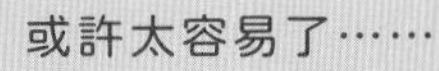

我們最喜歡獵捕的，是三公尺高的「恐鳥」。

我不恐怖，
只是骨架比較大

雖然個子高，但牠不會飛，很容易遭人捕捉。

什麼？你是
說……
真好吃！

或許太容易了……

肚子餓了，
沒有恐鳥？
沒有恐鳥，
沒了，抱歉。

在殖民者的獵捕之下，恐鳥因此絕跡。

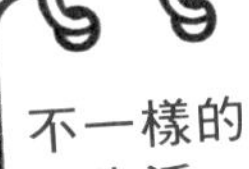

不一樣的
生活

信天翁

嘿！我是信天翁，世界上飛得最遠的鳥。現在時間是1320年左右，一起去看看那座小島吧！

這裡叫拉帕努伊島，也就是你們說的復活島。這座位於波里尼西亞的島嶼，距離其他陸地有1,900公里。

天哪，這些石雕看起來好嚴肅！

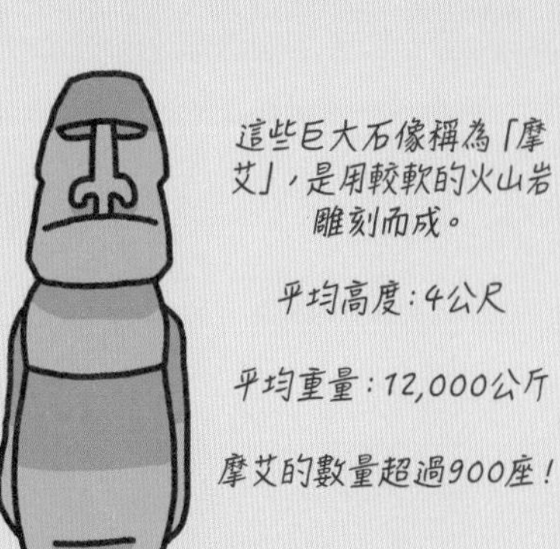

這些巨大石像稱為「摩艾」，是用較軟的火山岩雕刻而成。
平均高度：4公尺
平均重量：12,000公斤
摩艾的數量超過900座！

這些雕像成排立在稱為「阿胡」的平台上，全都望向島內。
有人認為，它們或許代表島民的祖先。

覺不覺得有人在看你？

有些摩艾會戴著紅色岩石「帽」，顯然是代表頭髮。

我天生紅髮。

許多摩艾都塗上顏色，有白色珊瑚做成的眼睛，還以黑色石頭當作瞳孔。

帥帥的。

人類會在死火山裡雕刻摩艾。

你確定是死火山？
咕嚕！！
對，因為聲音是我肚子發出來的。

之後，他們不知道用了什麼方式，把摩艾從採石場送到現在的位置。你們的歷史學家不確定古人怎麼做到的！

不告訴你！

但我擔心島民砍伐與燃燒那麼多樹木。要是再這樣下去，會連半棵樹都不剩。

木材！！
燃燒！

過了350年……

唉呀，都沒了。
不是早就跟你說了嗎？

現在島上沒剩下多少的動植物了。

新聞提要

中世紀的一大特色來自於城堡與戰爭，有騎士、戰鬥，
也造成無辜的人民傷亡。

漫長的戰爭

在歐洲與中東發生過「聖戰」，來自不同信仰的軍隊彼此交戰，還有更多戰爭就只是為了搶奪土地和財富。英國與法國就曾發生過一場很漫長的衝突，歷史學家稱為「百年戰爭」。其實這場戰爭延續了116年！

大辛巴威城牆

雄偉的城牆

在14世紀，非洲南部有一座設有城牆的大城市，而這令人讚嘆的城市名稱，後來會演變成國家的名字：辛巴威。

黑死病

在歐洲與亞洲，一場瘟疫奪去了無數人的性命，死亡人數遠比之前或之後的任何戰爭還多。在美洲，原住民接觸到帶有疾病的歐洲殖民者後，不久就飽受疾病之苦。

熱騰騰的新書

但黑暗中的光芒是，有位德國人發明了大量生產書籍的辦法。中世紀或許是一段黯淡無光的歷史，但至少我們現在可以讀到當時的情況。

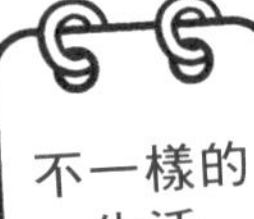
不一樣的生活

日本武士刀

你好！現在是西元1330年左右。我是日本刀——超銳利、超嚇人、金光閃閃的鋼鐵武士刀。

你忘記介紹我了。

日本武士是效命於統治者的戰士。

統治者就是幕府將軍。

這是我的主人，準備要上戰場了。

威力強大的竹箭。
精緻的戰甲與頭盔，以絲綢裝飾。
騎馬與射箭是武士的主要技能。

我是武士熱愛的武器，由一位名為「正宗」的頂尖刀匠所鑄造。

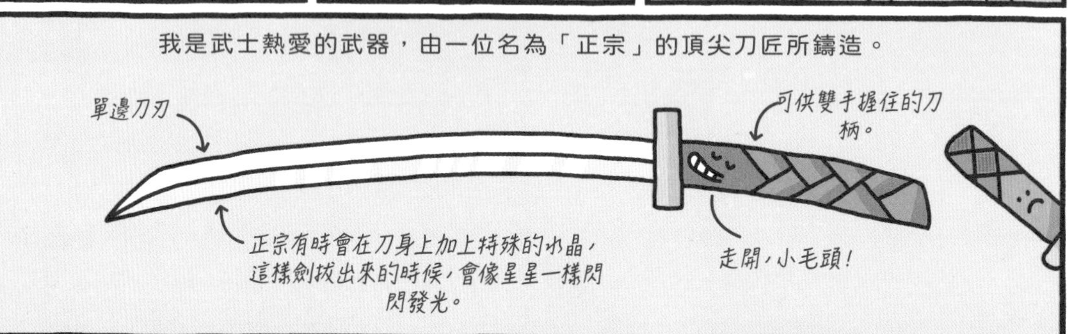
單邊刀刃
可供雙手握住的刀柄。
正宗有時會在刀身上加上特殊的水晶，這樣劍拔出來的時候，會像星星一樣閃閃發光。
走開，小毛頭！

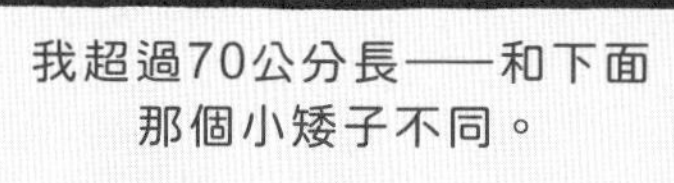

我超過70公分長——和下面那個小矮子不同。

了不起喔？我是45公分長的短刀，叫做「脇差」。

我們主人會帶我們兩個上戰場，讓我們覺得很光榮。

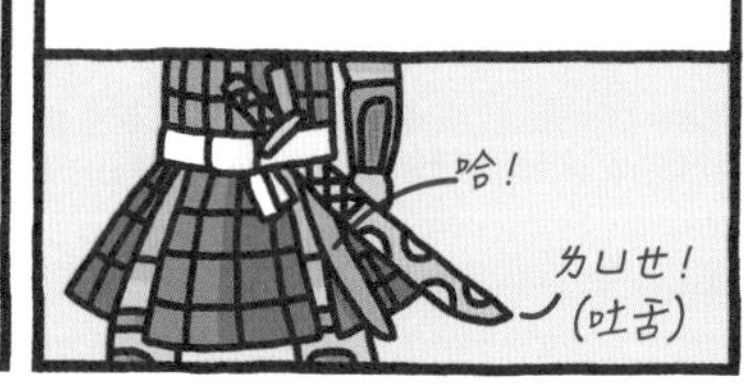
哈！
ㄌㄩㄝ！（吐舌）

還有五花八門的武器……

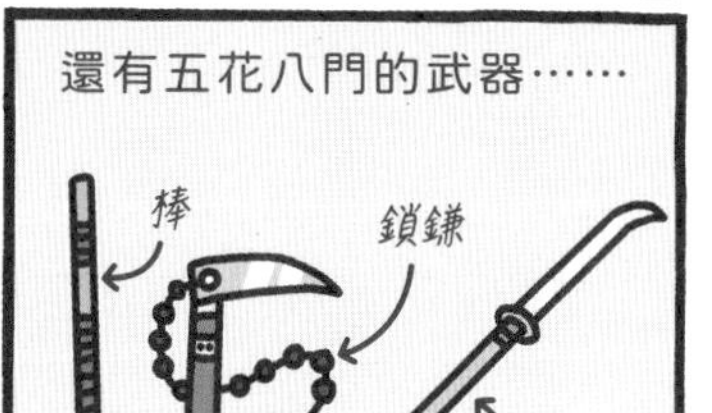
棒
鎖鎌
薙刀

幸好武士不光是打仗而已。

禪修

寫詩

畫圖

讀書

還會訓練自己不感覺到痛

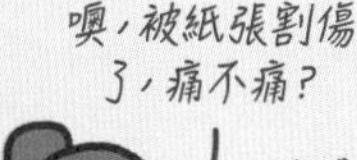
噢，被紙張割傷了，痛不痛？

沒感覺……

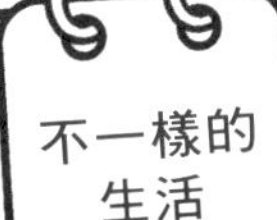

不一樣的
生活

皂石鳥

你好！歡迎來到非洲南部，現在是1380年左右。我是用皂石雕刻的鳥，皂石是一種軟質岩石。

事實上，我比看起來還要高，因為我坐在1.5公尺高的石造台座上。

咕！

在大辛巴威城牆上有很多這種鳥的雕像，我是其中之一。

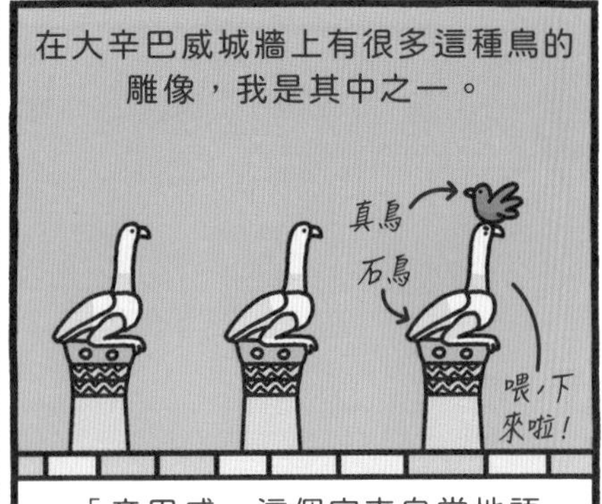

真鳥
石鳥
喂，下來啦！

「辛巴威」這個字來自當地語言，意思是「石屋」。

建立這座城市的，是現代辛巴威紹納人的祖先，他們會在附近挖金礦。

很大的圍牆，牆內有房子與工作坊。
有茅草屋頂與泥牆的屋子
山上的建築群有洞穴與神壇，應該屬於神聖之地
城市居民

彎曲的城牆是以花崗岩建造，有些地方厚度超過五公尺！

讓我進去！
你說啥？

你可以在城牆中間走路，途中會經過10公尺高的錐形塔。

抱歉，聽不到你說話！

我是石造的，不能走也不能飛，唉！

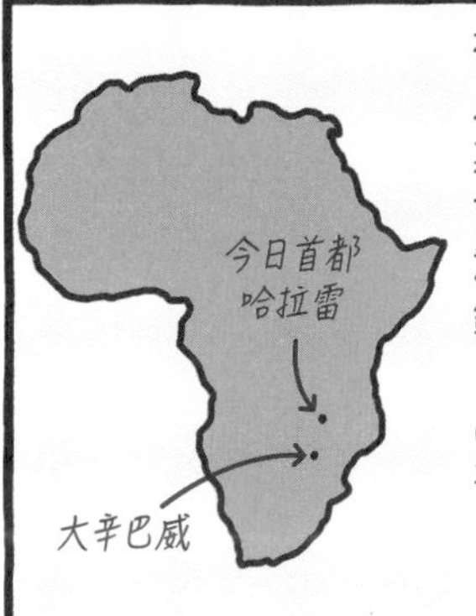

今日首都
哈拉雷
大辛巴威

有成千上萬的人住在這裡，其中有不少人會到海岸做生意，用黃金、銅與象牙，換取國外的貨品，有些商品甚至遠從中國送來。

雖然黃金還在，但應該就留在這了，我也是。我好羨慕那隻真正的鳥……

這座城市在15世紀之後就遭到遺棄。

600年後……

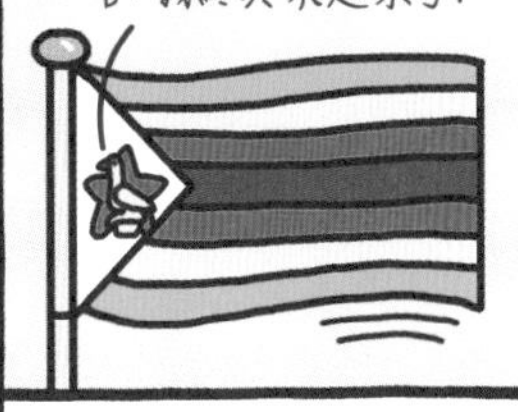

哈，我終於飛起來了！

1980年，辛巴威把這隻石鳥放到國旗上。

不一樣的生活

阿茲提克骷髏頭

歡迎來到阿茲提克帝國的城市：特諾奇蒂特蘭。你看得出來吧，我是人類的骷髏頭。現在應該差不多是1375年，誰幫忙確認一下？

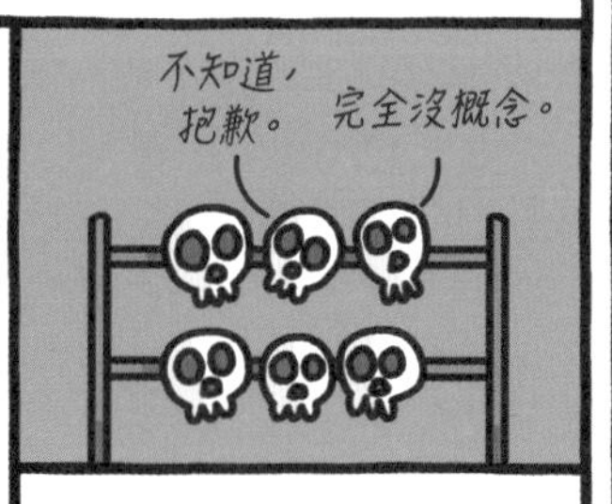

不知道，抱歉。
完全沒概念。

阿茲提克人會把骷髏頭放上「頭骨架」展示。

特諾奇蒂特蘭是整個阿茲提克帝國的首都。

特諾奇蒂特蘭

帝國在1521年滅亡時，範圍涵蓋墨西哥中部的絕大部分。

這座城市蓋在湖中央，並以堤道連結到其他的島嶼與岸邊。

神廟所在的神聖區域
建築物呈格狀排列
堤道
寬橋
特斯科科湖

在全盛時期，特諾奇蒂特蘭的規模在全世界名列前茅。

我曾經在浮島的菜園種植玉米，這種耕作法稱為「奇南帕」。

唉呀！漏水的地方噴出來了。

之後有一天，他們選上我當活人祭，要把我殺了，獻給太陽神維齊洛波奇特利。

願意幫忙嗎？
求之不得！

在神廟頂端，祭司把我的心臟高舉，獻給神祇。

太陽神應該很高興吧，因為他隔天又出現了。

阿茲提克有200位神祇，全都需要活人祭。

之後我就被剁成幾塊，有一些進了貴族的肚子裡。

希望他們不嫌難吃。

你們呢？
我是奴隸。
我是戰俘。

啊，好吧，想必我們全都變成祭品。
呃……

歷史筆記

厄運神廟

特諾奇蒂特蘭的中央是一座巨大的神廟，造型為階梯形金字塔，頂端有兩座祭壇。這是要獻給雨神特拉洛克與太陽神維齊洛波奇特利。今天這裡稱為大神廟，曾有好幾千人在這裡成了祭品。

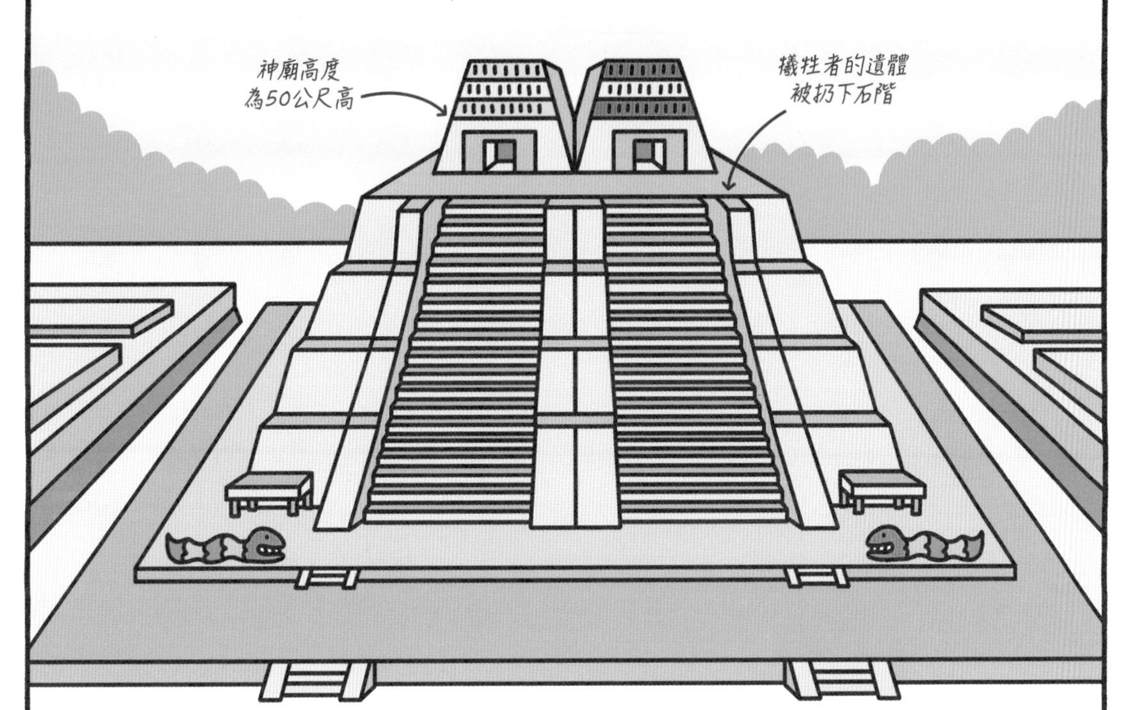

神廟高度
為50公尺高
犧牲者的遺體
被扔下石階

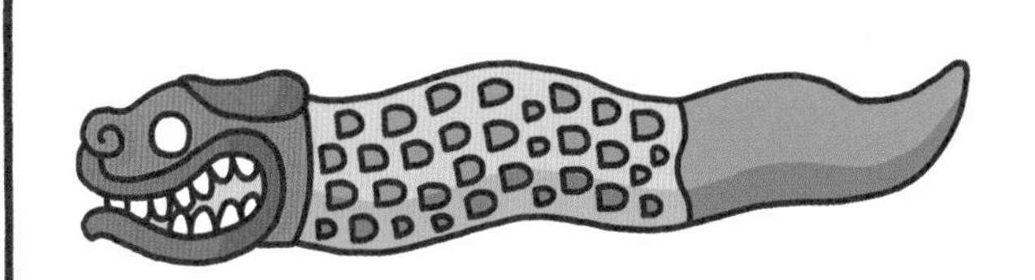

神廟下方有蛇雕像，代表這座金字塔是科亞特佩克（Coatepec，意思是「蛇山」），亦即太陽神的誕生地。

墨西哥城曾發現一個巨大石雕「日之石」，原本要被送到大神廟，上面描繪著阿茲提克神話中的世界。

不一樣的生活

瘟疫帶原者

快離開！這是挪威的卑爾根，時間是1350年，我染上了「大瘟疫」。都是他害的。

是的！我妻子——
咳！——怪我——
咳！——把瘟疫傳給她。
咳！

有80%的患者會在八天之內死亡。

這疾病是從蒙古開始，之後在歐洲傳開。

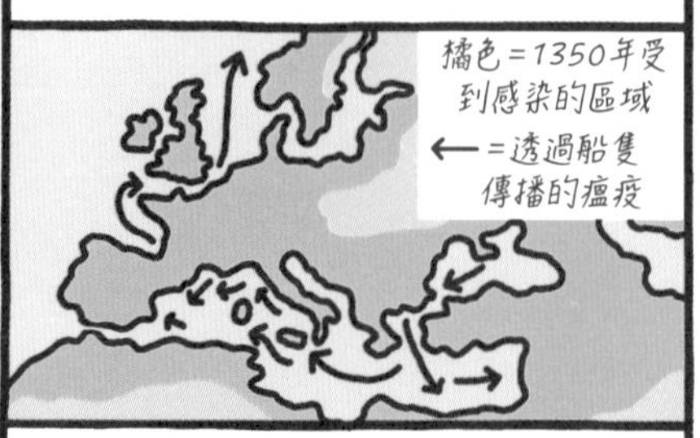

橘色＝1350年受到感染的區域
←＝透過船隻傳播的瘟疫

這場瘟疫後來會稱為「黑死病」，在1347年到1351年造成兩億人死亡。

這種病會導致頸部、鼠蹊和腋下的淋巴結出現膿包與充血腫塊。

我看起很可怕……但我真喜歡出現在人身上！

「學者」為這場瘟疫提出各種解釋。

1345年3月20日，木星、火星與土星出現排成直線的怪象。

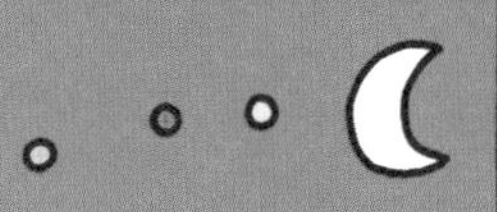

地震釋放出「壞空氣」。

上天對惡人的懲罰。

用手指人是沒禮貌的行為！

更糟的是，我也被跳蚤咬了。咳咳咳！哈啾！

跳蚤

特寫...

我忍不住肚子餓。我是人類身上的跳蚤，靠著人血維生。但我不孤單。
你好！我是鼠蚤。

我們蚤類是住在黑鼠（像下面這隻）的皮毛裡，從英國搭船到其他地方。我的老鼠死了，所以我也把人類當成食物。
嗨！

我們老鼠會搭上帆船，快速前往整個歐洲與亞洲。我們的血液裡一定有海水。

特寫放大……

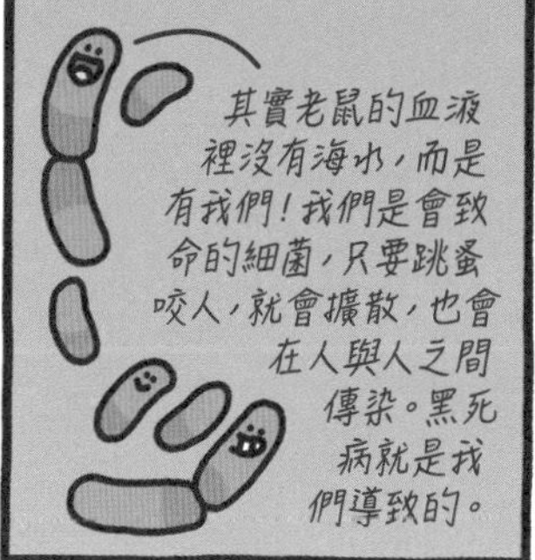

其實老鼠的血液裡沒有海水，而是有我們！我們是會致命的細菌，只要跳蚤咬人，就會擴散，也會在人與人之間傳染。黑死病就是我們導致的。

不好意思喔，咱們害死這麼多人，改變歷史進程。
我們只是完成致命的任務。

我還是覺得是你的錯！
對不起！咳咳咳！

歷史筆記

古騰堡印刷術

雕版印刷術是在木板上刻字，再印到紙上，
是中國古代的重大發明（參見57頁）。
而15世紀中期的歐洲，一位德國金匠革新了
緩慢費工的手工製書過程，這人就是發明機器
印刷術的約翰尼斯·古騰堡。

約翰尼斯·古騰堡

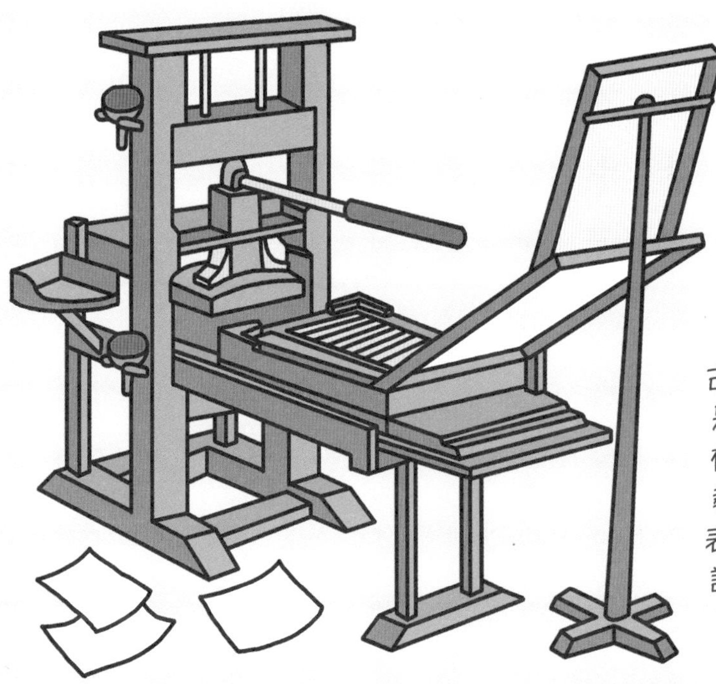

古騰堡的印刷術會運用金屬活字。製作這些活字時，是先把滾燙的鉛合金倒入模型。

古騰堡最知名的印刷物，是1455年印製的聖經。在當時，聖經多半出現在教堂，但大量生產之後，表示人們在教堂以外也能讀得到聖經，並辯論聖經的內容。

歐洲才剛從黑死病的衝擊慢慢恢復，
這場瘟疫導致社會結構大幅改變。
活下來的人繼承財產，往上層社會流
動，也能買更多東西，例如書本。

書籍量產之後，價格就會更便宜，
也會有更多人擁有書、閱讀書，
有助於傳播思想、打造現代世界。
你現在拿的這本書，就是古騰堡的
偉大發明之下的成果！

歷史筆記

地圖外的地方

中世紀的世界地圖和現代的很不一樣。這張圖是依照1457年的地圖而來，繪製者是義大利港口熱那亞一位不知名的地圖繪製師。這張地圖中未畫出的地方，和有畫出的地方同樣耐人尋味。

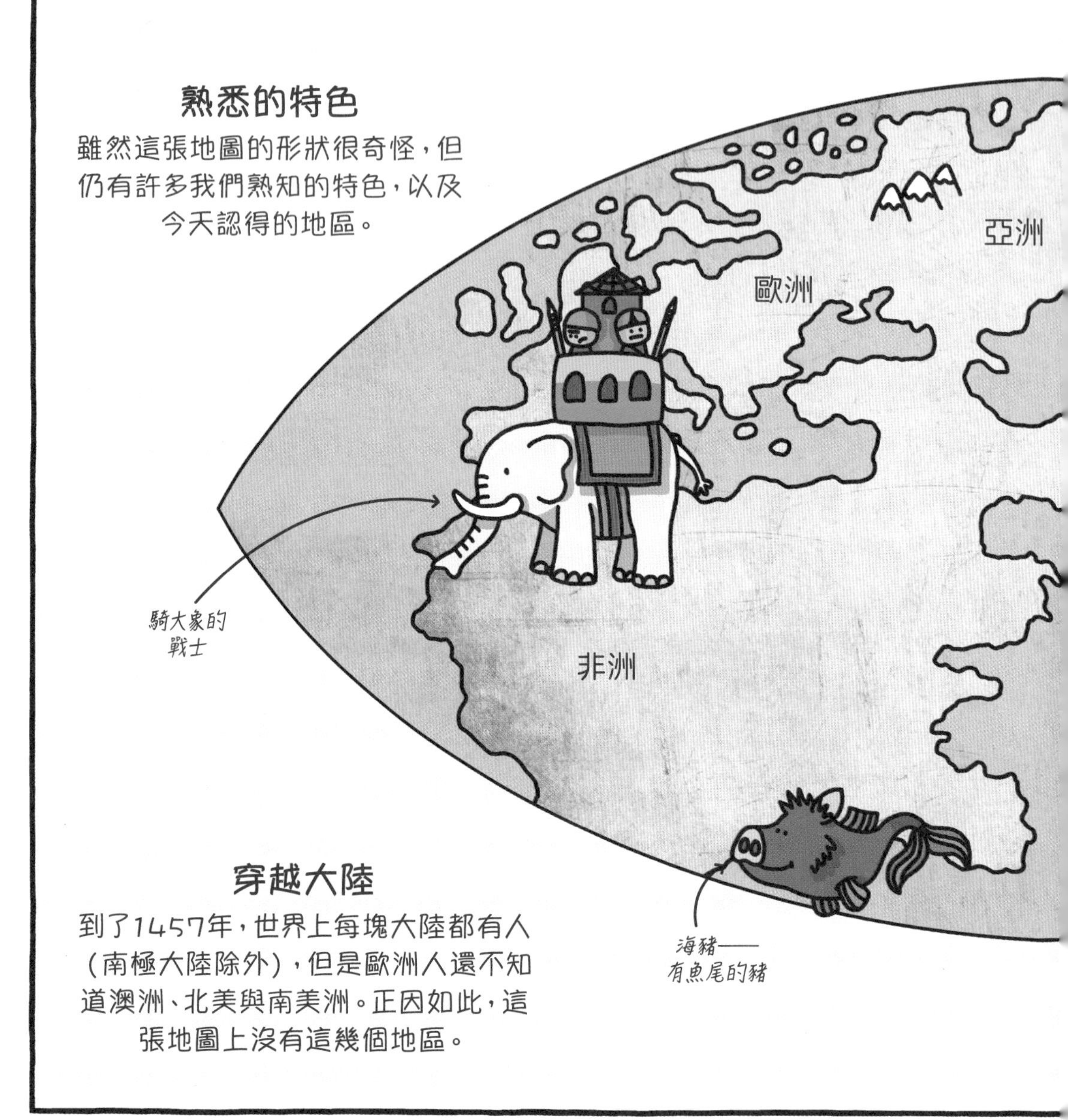

亞洲
歐洲
非洲
騎大象的戰士
海豬——有魚尾的豬

熟悉的特色

雖然這張地圖的形狀很奇怪，但仍有許多我們熟知的特色，以及今天認得的地區。

穿越大陸

到了1457年，世界上每塊大陸都有人（南極大陸除外），但是歐洲人還不知道澳洲、北美與南美洲。正因如此，這張地圖上沒有這幾個地區。

珍禽異獸

除了對於山脈與海岸線有出奇精準的描述之外，這張地圖也包含很特別的神話奇獸！有些只是中世紀地圖繪製者為了填補空間，就在地圖上畫奇獸，例如美人魚。

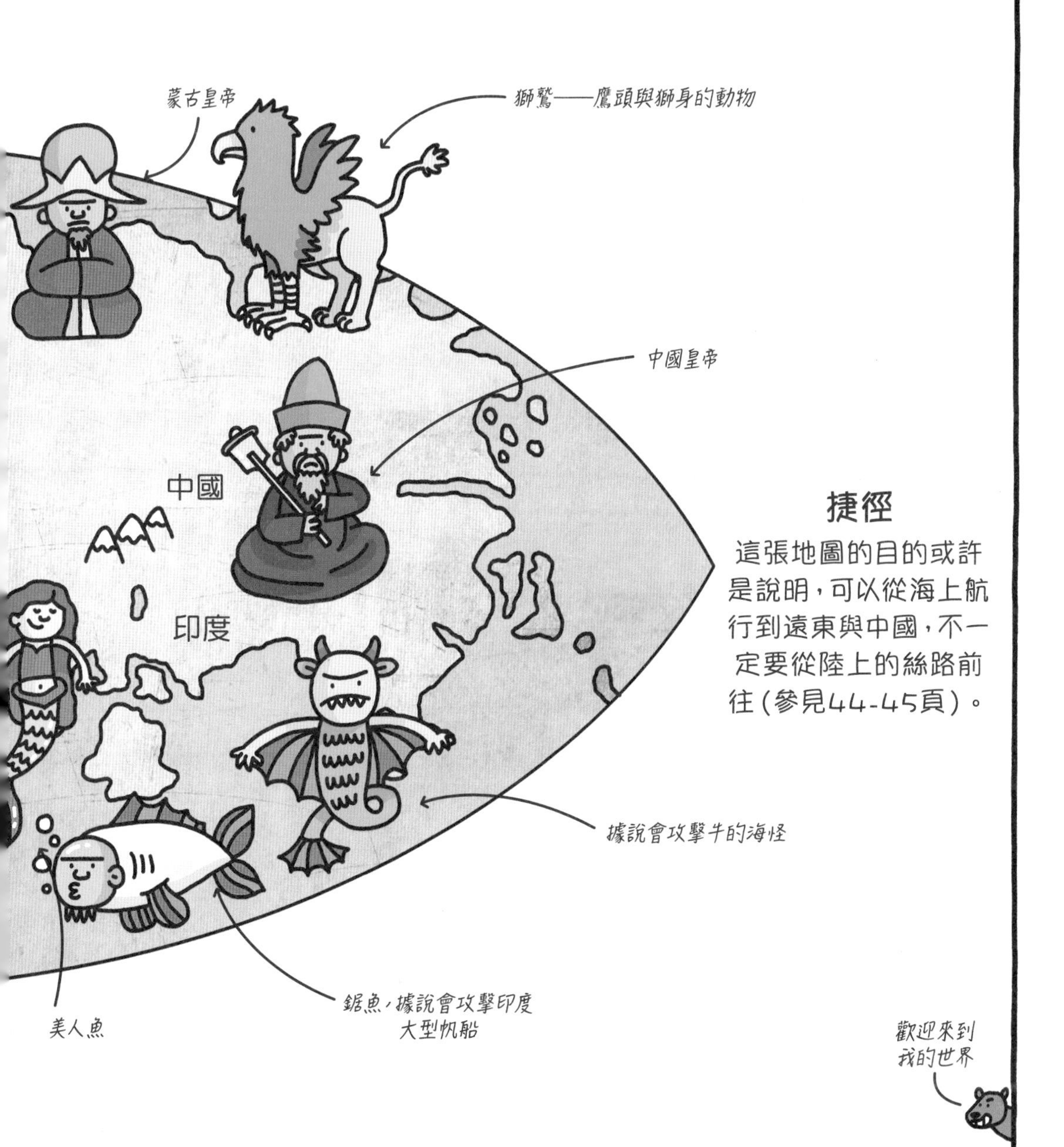

蒙古皇帝
獅鷲——鷹頭與獅身的動物
中國皇帝
中國
印度
據說會攻擊牛的海怪
鋸魚，據說會攻擊印度大型帆船
美人魚
歡迎來到我的世界

捷徑

這張地圖的目的或許是說明，可以從海上航行到遠東與中國，不一定要從陸上的絲路前往（參見44-45頁）。

不一樣的生活

大航海家

現在是1498年，地點是伊斯帕尼奧拉島，我是大航海家克里斯多福·哥倫布。

我是鸚鵡。

這是我第三趟前往亞洲的旅程，目的是尋找黃金與香料！

我們其實到了美洲，但他不肯承認。

在西班牙王室的資助之下，我──偉大的哥倫布──在1492年展開第一趟航程，找出前往中國的新路徑。現在從絲路（參見46—47頁）前往中國太危險了。

西班牙
伊斯帕尼奧拉

1492年10月12日，我搭著聖瑪利亞號，成為第一個看見「新世界」的歐洲人。

可是……

……我聽見地位低的瞭望員先看見陸地，但哥倫布想要這份榮耀與龐大的獎金，此外，維京人早在500年前就已經登陸紐芬蘭……

這裡可以搶些什麼？

這邊的葡萄讚喔！

維京人因為這裡盛產葡萄，命名「文蘭」*。

哥倫布登上了巴哈馬群島的一座島嶼，原本就住在這裡的人相當友善。

我幫這些原住民發明了新名字──印地安人！

因為這個笨蛋以為自己來到了印度（INDIA）！

我又到處航行，想找個前往中國的捷徑。

一定就在這附近！

可惜天不從人願。所以我回到西班牙，帶了些許黃金、植物，還有幾個綁架來的人。

然而在後來的航程中，我們帶了馬、牛、雞、蜜蜂和基督教給本地人。

是沒錯……

……但也帶了許多疾病，本地人根本缺乏天然抵抗力。

唉呀……
啾啾！

歐洲來的疾病使得90%的美洲原住民人口死亡。

*譯註：Vineland，意思是「葡萄酒國度」。

近現代時期

過去500年來，人類突飛猛進，歷史學家稱這段期間為近現代。我們不僅學會真正的飛行，一切人為事務也進行得越來越快——包括人口增加，污染地球。

今天我們往返各地、消費與通訊的速度之快，超乎先人的想像，也可以瞬間取得資訊。但這種快速的情況，是從國王、女王、征服者、戰爭、入侵、發明、不平等與奴役而擴散的。從中世紀進入我們近現代時期的過程，需要新的思考方式。率先拓展新思維的，就是義大利文藝復興時期的優秀人才。

木板
的祕密日記

以下摘自畫家李奧納多・達文西畫室裡的一塊木板之日記，時間大約是1503年。

不起眼的我

第1天

你好！我只是一塊扁平的白楊木板，或許沒有值得一看的特點。但今天，義大利佛羅倫斯最知名的畫家達文西把我挑出來，在我身上畫圖。他年紀不小了，又有大鬍子，但顯然是個天才。

鬍子佬

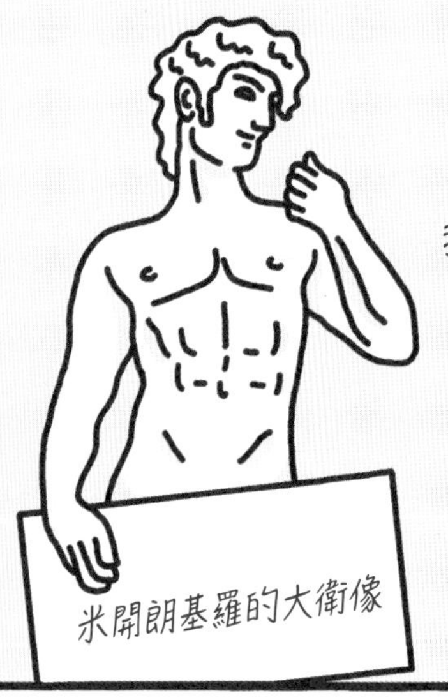
米開朗基羅的大衛像

第2天

我看不到那位鬍子佬在我身上畫什麼，只聽說是幫一位富家千金畫肖像，她叫麗莎・格拉迪尼。她在鬍子佬面前坐好，他開始聊起自己認識的其他義大利藝術家。其中一位叫做米開朗基羅，他正在雕刻巨型石像——大衛像，是聖經裡〈大衛與高利亞〉的故事人物。大衛像超過五公尺高，而且是裸體的，羞羞臉！但願大鬍子在我身上畫的人有好好穿衣服！

第15天

鬍子佬今天把「蒙娜」*麗莎請回畫室，但她似乎受不了整天動也不動坐在那，於是鬍子佬僱用了幾個音樂家試著讓她微笑。我不確定這樣有沒有用，或許他該試試搔癢，就像他用畫筆對我做的事。

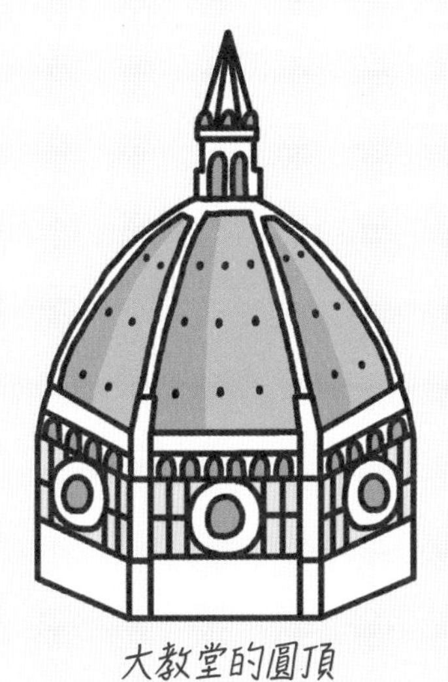

大教堂的圓頂

第25天

鬍子佬還在搔我癢。他告訴麗莎，今天他在佛羅倫斯大教堂外，巧遇了幾個與他勢均力敵的藝術家。這城市到處都是對藝術、建築與科學抱著新觀念的人。鬍子佬認為，這是文化的「重生」或「復興」。但我在想，「李奧納多」、「米開朗基羅」、「多納泰羅」與「拉斐爾」對未來的人有什麼意義嗎？年輕人肯定是不記得了！

400年後

遺憾的是，鬍子佬在1519年過世了。他後來搬到法國，但沒有完成我身上的畫。不過，現在這似乎不重要。我在巴黎的一間藝廊展覽，顯然也成了世上最知名的畫作。無怪乎「蒙娜麗莎」在這裡微笑……不是嗎？！

*譯註：「蒙娜」是「女士」的意思，通常放在名字前面

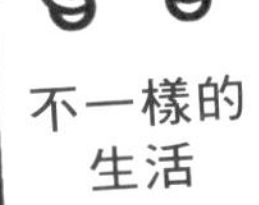

不一樣的
生活

印加農夫

你好，現在是1532年，
我是印加農夫。

我也是。

事實上，我們總共超過
1,000萬人。

你好！
嗨！

我們在「塔萬廷蘇尤」生活與
工作，這名字的意思是
「四方之國」，用來稱呼當時
世上最大的帝國。

印加帝國包括今天的祕魯，
以及部分厄瓜多、玻利維亞、
阿根廷、智利與哥倫比亞。

帝王阿塔瓦爾帕和一小群貴族統治我們，換取稅金與貢禮。

玉米、地瓜與
其他作物

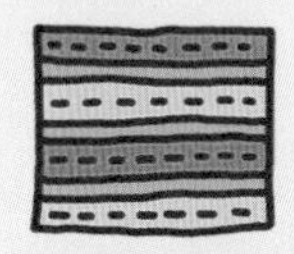

駱馬毛織品

天竺鼠肉

陶器與金屬製品

也要求我們免費幫
他們工作。

這地方是
金礦！
對我們來說
不是！

但我們的土地現在被西班
牙入侵者搶走了，他們自
稱征服者，並稱我們為
「印加」。

「印加」是他們
語言中的
「統治者」。

我們的戰士只有棍子與木製矛，而征服者有槍砲彈藥，
還有駿馬與盔甲。大約有7,000名印加人在一場戰爭中陣亡，
而西班牙人沒有傷亡。

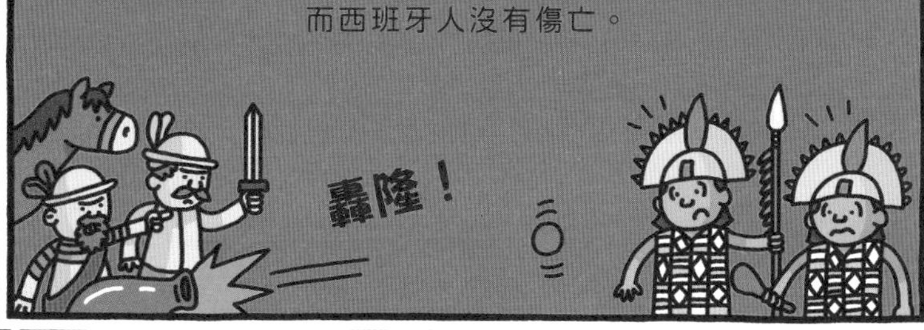

轟隆！

我們的帝王變成西班牙人的
囚犯。

竟然這樣對待
太陽神印蒂
(INDI) 的親戚，
豈有此理。

征服者想要盜取我們的金銀，
佔為己有。

別擔心，我們會
回報你們別的
東西。
什麼？

呃，天花、感冒、白喉與
其他你們無法抵抗的致
命疾病……抱歉。
可以把帝王還給
我們嗎？

數百萬名印加人死去，
帝國於1572年滅亡。

不一樣的生活

地圖繪製師

你好，我的名字是傑拉杜斯．麥卡托，現在是1569年。

我住在這裡。

1541年的麥卡托地球儀。

你也可以看這個版本。我在這裡，今天德國的杜伊斯堡。

麥卡托於1569年繪製的劃時代地圖。

我畫了地圖並加以蝕刻，於是揚名世界。

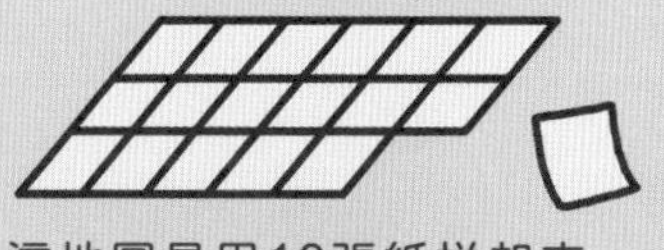

這地圖是用18張紙拼起來，像拼圖一樣。

我使用當時最新的資訊，來繪製地圖。

書籍與航海圖的資料

你好！

水手的信件

吼！

關於海怪的傳說（當然不能少）

我為國王與貴族製作地圖。

現在多數人都接受世界像個圓球，而不是像圓盤那樣扁。

現在可是1569年！

像我這樣的地圖繪製師會面臨一大難題：如何把圓形表面變成平面，這種方法叫做「投影」。

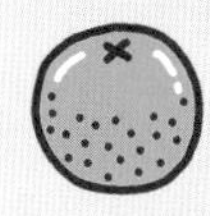

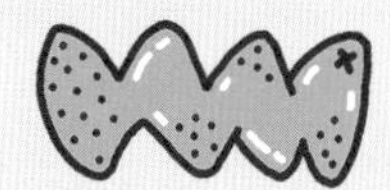

就像把柳橙皮壓平。

我用精密的數學解決了這問題——水手很喜歡這成果！

依據這張地圖，
我們只要直線航行就
可以了。太好啦！

但我的投影法會讓距離赤道很遠的陸地變太大。

哈！我很大。
不公平！
格陵蘭
非洲

格陵蘭實際上比地圖顯示得還要小。

如果使用這套投影法，人類會看起來很奇怪。

真誇張，我絕
對找不到這種
大小的鞋子。

今天Google地圖依然使用麥卡托投影法！

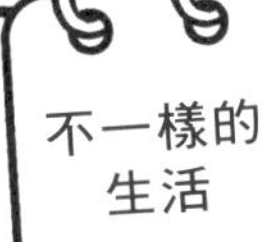
不一樣的
生活

女王

想幹嘛？現在是1588年，我可是英格蘭、愛爾蘭與威爾斯的伊莉莎白女王，你敢不表示尊敬！

哼！

好，這樣可以。

我有錢有權，也算是愛擺姿態。我喜歡請人幫我畫肖像，當作我的權力象徵。

珠寶
用絲綢製作的服裝
壓力爆表的畫家

我也很幸運。今年初，惡劣的天氣擋下了西班牙入侵者，使得他們的無敵艦隊沉沒。

船要沉了！
英國火攻船

西班牙人會渡海而戰，是因為我是新教徒，而不是天主教徒。我還拒絕與他們的國王菲利浦二世成婚。

嫁給我？

休想！

我在1558年登基，也就是同父異母的姊姊瑪麗女王去世之後繼位。她信天主教，處決了許多新教徒。

之後，我也處決了許多天主教徒，還有叛國者，及惹惱我的人。

怎樣？
您最優秀！
肺腑之言！
(吞口水)

想當年，我的父親亨利八世還處決了我母親安．寶琳呢。

對了，我也擅長演說。在西班牙無敵艦隊入侵時，我發表精彩演說，鼓勵軍隊士氣。

我有國王的心胸與氣魄，而且是英國國王的心胸與氣魄。
說得好，女士！
好耶！

要是我能多幾顆牙就好了。

口臭嚴重

伊莉莎白愛吃糖，討厭看牙醫。

得走了！我要花好幾個小時才能脫下這套衣服。再會！

歷史筆記

看戲時間

英國女王伊莉莎白一世的在位期間，正逢歐洲藝術的黃金時期，威廉·莎士比亞的詩歌與戲劇就是這時候出現。民眾經常到劇場看戲，倫敦的環球劇場就是當時最知名的劇院之一，這張剖面圖顯示了環球劇場的結構。

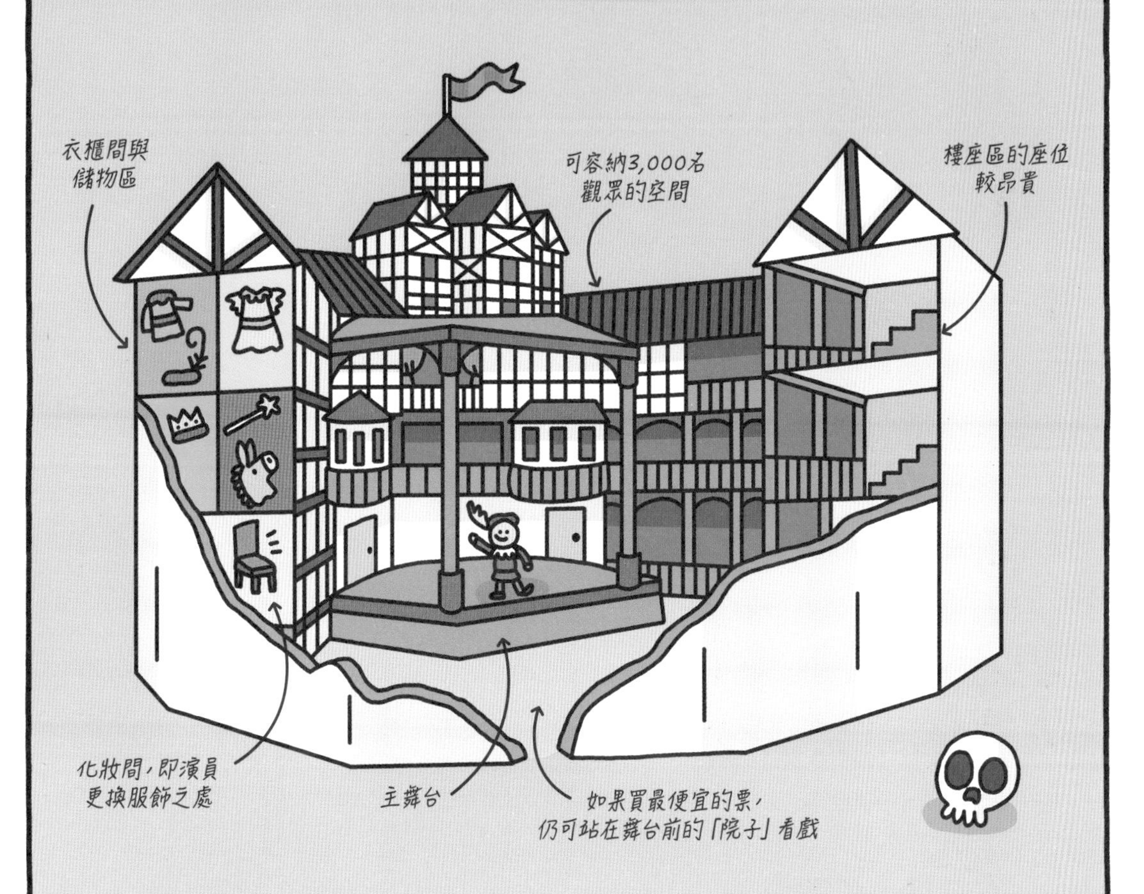

衣櫃間與
儲物區
可容納3,000名
觀眾的空間
樓座區的座位
較昂貴
化妝間，即演員
更換服飾之處
主舞台
如果買最便宜的票，
仍可站在舞台前的「院子」看戲

伊莉莎白時期的觀眾會在劇場享用零嘴，和今天的觀眾一樣。常見的劇場零食包括榛果、派與貝類海鮮。

1613年，環球劇場遭遇祝融之災，據說是因為舞台上的大砲而著火。雖然無人受傷，但有人用麥酒來澆熄馬褲上的火。

不一樣的生活

蒙兀兒畫家

現在是1593年，歡迎來到蒙兀兒帝國的首都，位於今天巴基斯坦的拉合爾。

我是小不點畫家，叫做穆昆德。看見我有多小嗎？

椰子

只是小小的玩笑啦！其實我會畫小型水彩畫，稱為「細密畫」。

顏色鮮豔
常增加金箔
寫實描繪人與動植物

我運用「透視法」，讓自己看起來很小。這技法在我們的繪畫中也很重要！

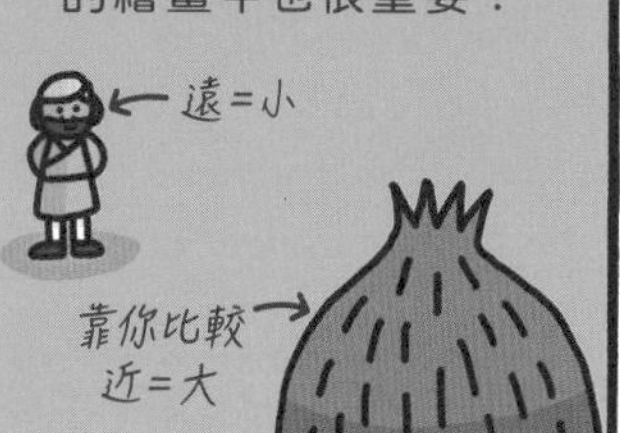
遠＝小
靠你比較近＝大

這個人雇用了100位畫家包括我在內來繪製細密畫，他就是……

阿克巴大帝
(1556—1605年在位)

阿克巴率領軍隊，征服了印度次大陸的大部分地區。

蒙兀兒帝國

當然，要得到「大帝」的稱號，通常得先宰了成千上萬的人。

哎呀……抱歉。
這手勢在蒙兀兒的繪畫中很常見。

阿克巴收藏了來自不同文化與宗教的書籍，數量超過24,000本。

耶！我們永遠不會餓肚子啦！

只是他不會讀書，也不會寫字。

再次不好意思啦！

即使如此，我們這些畫家仍畫出一本書，訴說他多彩多姿的人生。

這本書叫做《阿克巴之書》，裡面有114張蒙兀兒的畫作。

阿克巴熱愛大象——他有好幾百頭大象——因此圖畫裡也有很多大象

他養了一群巨無霸！

您意下如何？
嗯……

多畫些大象！

新聞提要

在近現代的早期，人類拓展了新視野，也獲得新發現。

「新」世界

西班牙人入侵美洲之後，其他歐洲人也跟著前來，想在所謂的「新世界」展開新生活。但是，新殖民者來到美洲之後，原本居住於此的原住民生活與社會，都遭到永久破壞。

驚人的發現

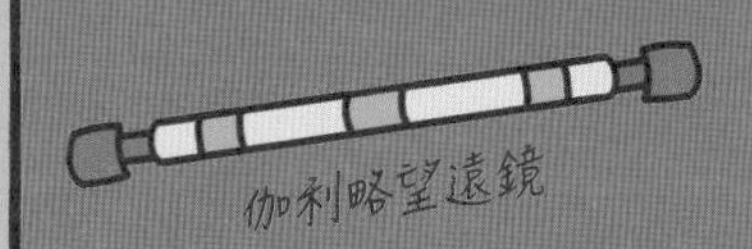
伽利略望遠鏡

在顯微鏡與望遠鏡發明了之後，科學讓人看到更廣大的嶄新世界。這兩種工具可供觀察細胞與星星，也讓我們提出更宏大的問題，思索人類在宇宙的地位。

貿易發達

荷蘭的東印度公司成為世界第一家超大型企業。這間公司會把從印度購得的絲綢與香料，透過海運，送到歐洲販售，讓部分商人富可敵國。然而，這間公司在擴張時不擇手段，也對印度人造成危害。

新統治者

泰姬瑪哈陵花了22年興建。

英國則是發生了內戰，英王查理一世在1649年丟了腦袋，有11年的時間，英國成了共和國（國家並非由君王統治）。其他統治者就比較幸運。法國國王路易十四打造了富麗堂皇的新宮殿——凡爾賽宮，而印度的蒙兀兒皇帝沙賈漢則建立泰姬瑪哈陵，紀念他的妻子。

不一樣的生活

波瓦坦酋長

你好！我是奧比康坎納，是美國東北部波瓦坦部落的酋長。

英國入侵者說，現在是1619年，他們要趕快回家。

這些英國人在我們祖先留下來的土地建立殖民地，還以他們的國王來命名——詹姆士鎮。我們稱這區域為「增那康馬卡」。

詹姆士鎮
粉色＝波瓦坦聯盟領土

英國人稱我們的土地為「維吉尼亞」，這是依照英國女王伊莉莎白一世而命名，她是已去世的「童貞女王」。

又是我，但我這時已不在人間。

有幾個世紀的時間，我們的人民在這裡和平生活。

種植玉米和瓜類

划獨木舟

住在「葉哈金斯」小屋

我們偶爾會起爭端。

敵對的部落有時候打仗

也會獵捕看似美味的野生動物

人類來了，快跑！

我們曾和英國人相處融洽一段時間……

但這下子入侵者奪走更多我們的土地，還帶了非洲人來幫忙工作，但那些人根本不是自願的。

1619年8月，大約有20個來自安哥拉的俘虜來到此地。

太過分了，這些是我們的土地。

沒錯，我同意……

英國殖民者毀了波瓦坦聚落，還獵捕美國野牛，致使牠們近乎滅絕。

歷史筆記

不速之客

從15世紀初期到17世紀晚期，歐洲掀起了征服與殖民風潮。
許多歐洲水手與探險家在這時期「發現」的國家，早就有其他人居住，
當地人有自己的文化、宗教與生活方式。但是新來的歐洲人把這些特色全
部抹除，聲稱自己擁有這些土地，以追求財富、權力，並擴張帝國。
歐洲人也帶來疾病，引進會造成毀滅的動植物，還奴役了許多原住民。
「殖民地」通常表示「災禍」。

這張現代世界地圖，
說明在1700年主要的歐洲殖民地分布情況。

- 荷蘭帝國、殖民地與貿易站
- 葡萄牙帝國、殖民地與貿易站
- 法國帝國、殖民地與貿易站
- 英國帝國、殖民地與貿易站
- 西班牙帝國、殖民地與貿易站

不一樣的
生活

天文學家

你好，現在是1634年。
我是義大利天才天文學家伽利略．伽利萊。我的名字和姓氏聽起來很像，很不錯。

（清喉嚨）……
風滾草
默默滾走。

總之，讓我來說明
我們現在的位置。

在這裡，地球上

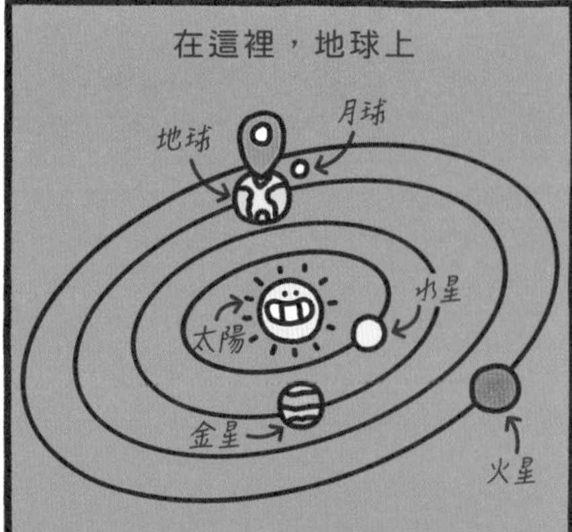
地球
月球
水星
太陽
金星
火星

但別讓教宗知道我跟你說了這些。

羅馬天主教教宗烏爾班八世，把我軟禁在我位於佛羅倫斯外的別墅。

伽利略該慶幸自己
那麼走運，我們沒有對他
施以酷刑。

教宗烏爾班八世與許多基督教徒認為，地球是宇宙中心。
這實在太離譜了！

這個觀念要回溯到亞里斯多德。

是我不對！
不然來
摔角！

參見34頁。

我用了超厲害的新發明來研究天空，這東西叫做望遠鏡。
我有很多自製望遠鏡。

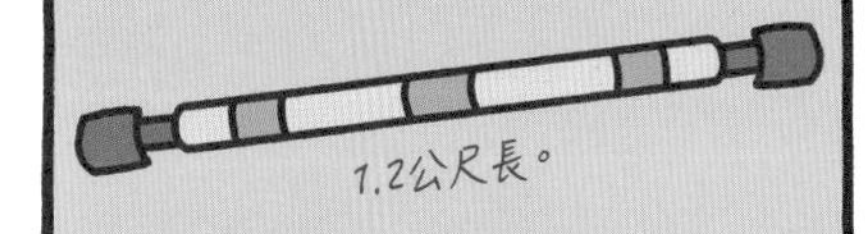
1.2公尺長。

我用望遠鏡看到許多驚人的景象。

月球上的坑洞

木星周圍有衛星，
土星有星環

鄰居很火大

別再用那
個玩意兒對
著我，氣死
人了！

我也說明太陽上有黑點。

哎呀，大家都會
長斑啦……

千萬不可直視太陽！

但這些都牴觸了教會的宗教信念，也就是宇宙是完美的。

但你不完美！

為了保住一命，
我得說我錯了。

是我不對……
哈！

伽利略在1642年過世之前，都是遭到軟禁的。

不一樣的
生活

鬱金香

嗨！歡迎來到荷蘭阿姆斯特丹，現在是1637年。
我是鬱金香。

咳咳！

好吧，我們是鬱金香。
這樣好多了。
球莖

我們在一名荷蘭富商的
觀賞植物園裡長大。
鬱金香源自於亞洲，在1590年代
引進了歐洲。

鬱金香現在非常受歡迎，主要有四個品種……
庫勒倫*
羅森**
維奧雷登***
比札登****
花瓣上出現的不同條斑，是一種植物病毒所造成的。

我們比札登是最值錢的
鬱金香
最好是啦！
隨便你說……

事實上，不久之前，人類好像失心瘋似地，願意付出天價買一顆球莖。
太多人都想要買到，導致價格飆升！
「總督」鬱金香
(一種比札登鬱金香)的一個球莖，
可能要價=
4頭牛
+
8頭豬
+
12隻羊
+
小麥與黑麥
+
銀杯
+
2大桶
葡萄酒
+
4大桶
啤酒
+
1,500公斤
奶油
+
450公斤
乳酪
+
一張床
+
衣服

這現象就是「鬱金香狂熱」。
人們在去年夏天擬定契約，
要在今年冬天購買鬱金香。
要買球莖
嗎？
要，
當然要！

但到了今年二月，
人們突然恢復理性，
於是價格暴跌。
要買我的
合約嗎？
不要，休想要我
浪費錢！

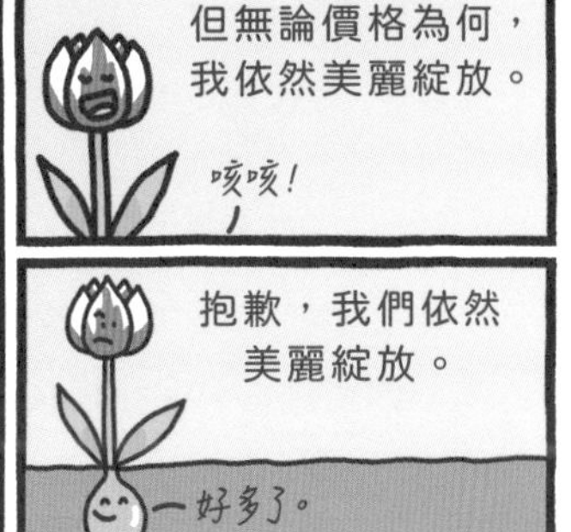
實在是瘋狂。
但無論價格為何，
我依然美麗綻放。
咳咳！
抱歉，我們依然
美麗綻放。
好多了。

譯註： *單色鬱金香　**有白條紋的紅色或粉色鬱金香　***有白色條紋的紫色鬱金香
****有黃色或白色條紋的紅、棕或紫色鬱金香

科學家的貓

的祕密日記

摘自貓咪史皮海的日記，
牠住在英國科學家
艾薩克·牛頓家。

真天才（本貓）與牛頓先生

1666年6月14日，星期一

今天，我的「主人」牛頓先生回到伍爾索普莊園，他鄉下的住家。牛頓先生是很有成就的科學家，通常在大學工作，那所大學位於一座叫做劍橋的城市。不過，學校擔心已造成許多倫敦人死亡的瘟疫爆發流行，因此關閉。其實呢，我們這裡也有惱人的問題——老鼠！

我們的苦惱

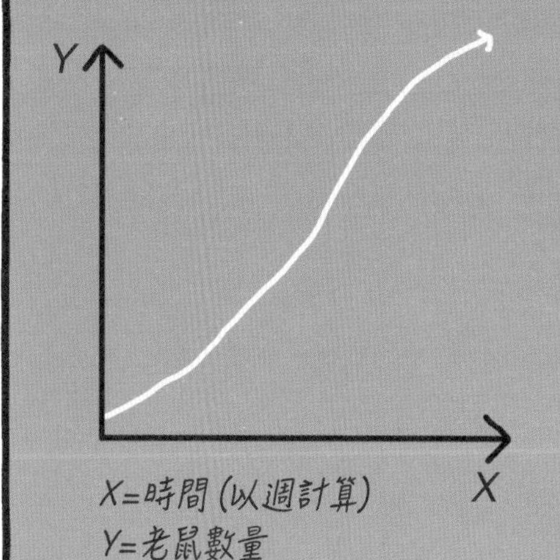
Y
X

X=時間（以週計算）
Y=老鼠數量

1666年6月18日，星期五

牛頓先生整個星期都待在書房，努力研究新的數學形式，他稱之為「微積分」。我抓了隻死老鼠給他，於是他以自己新發明的數學畫了張圖，說明不久之後還會有多少老鼠。我不懂，只顧著大聲打呼嚕。

1666年7月8日，星期四

我推開牛頓先生書房的門，發現他待在
完全漆黑的房間，只有一道明亮的陽光
從百葉窗的洞穿入。這道光落在一塊
形狀奇特的玻璃上，散開成許多種顏色，
看起來就像彩虹。或許光就是這樣構成的？

牛頓先生稱這塊玻璃為
「稜鏡」

1666年8月14日，星期六

現在書房門的下方有我專用的小門，
因此我進出不會打擾到牛頓先生。今天晚上，
他盯著窗外的月亮。「究竟什麼力量，
讓月亮繞著地球軌道轉，史皮海？」他問。

1666年9月5日，星期日

超糗的！早上我卡在蘋果樹上，得靠牛頓先生挽救。
我往他身上跳的時候，把一顆蘋果撞落到地上。
他看著那顆蘋果，咕噥說：「重力。」誰知道那是什麼意思，
但他給了我一點魚肉當晚餐，開心！

我和牛頓先生的書

21年後

我已上了年紀，但很幸運，能活著看見牛頓先生
成為人人稱讚的天才。他出了一本書，
說明「重力」如何讓行星與彗星繞行太陽。
喔，還有三條「定律」，說明物體受到推拉時會
如何運動。不得不說，他真的很高明，
但他如果真的那麼聰明，
大可以開始自己抓老鼠！

新聞提要

十八世紀後，人們會照自己的規矩來解決恩怨，
無論是汪洋大海上的海盜，或是推翻法國國王的公民都是如此。

加勒比海的海盜

這時，大海已成為貿易的高速公路，船隻也成為海盜眼中最明顯的搶劫目標。許多遭到攻擊的船，本來是要把在美洲殖民地搶來的財寶送回西班牙。不過，海盜可沒打算把財寶送還給人。

彼得大帝

俄羅斯帝國是歐洲最大的帝國，但幾乎沒有海軍。於是俄國的年輕沙皇彼得大帝下定決心，要改變這情況。他在國外學習現代方法，但俄國的人民仍多半是農夫，而且是像奴隸一樣的「農奴」，相當落後。

革命！

在法國，由於一連串的農業問題，導致許多挨餓的人走上街頭，向國王路易十六抗議，後來引爆血腥的革命，為法國千年來的皇家統治劃下句點。

澳大利亞

在世界另一邊，歐洲人忙著入侵另一座新大陸。早期荷蘭探險家稱之為「新荷蘭」，但是英國殖民者重新把這個地方命名為「澳大利亞」，不在乎原本居民怎麼想。

不一樣的生活

海盜旗

喂，我的朋友！
你不怕高吧？

但願如此，因為我在1720年的海盜船高處飄揚。

黑旗飄飄！

我是海盜船上的旗子，這艘船是船長約翰·「傑克」·拉克姆在加勒比海的牙買加島外偷來的。

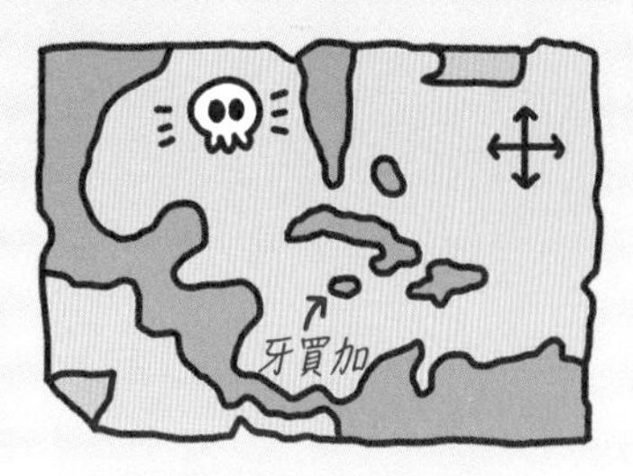

牙買加

海盜通常是英國水手，會攻擊從美洲載滿寶物，返回歐洲的船隻

他的暱稱是「棉布傑克」，因為他喜歡穿白色厚棉布做成的衣服。

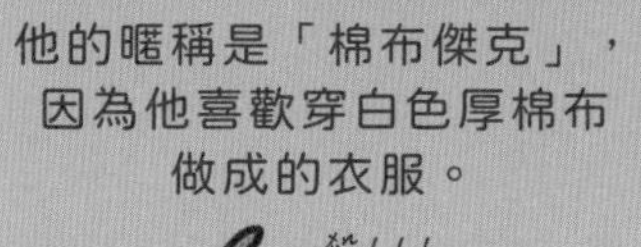

殺！！！
我專門做這種事！

雖然女性海盜很少，但傑克有幾個手下是女扮男裝。

衝啊！
安妮·邦妮
(1698—約1782)

殺啊！！！
瑪麗·里德
(約1695—1721)

海盜固然是兇惡的海上盜賊，但私底下其實有行為規範。

重要事件有平等的投票權

每次掠奪後一定會分配

船上不准賭博

失去手腳會獲得補償金

不僅如此，他們很害怕受害者反抗。

吼，所以我頭髮上有導火線！
起火！
冒煙！
愛德華「黑鬍子」蒂奇

總之，海盜旗只會在攻擊前升起……祝我好運！

飄揚！

噢！他們逮到我了！

棉衣傑克在1720年遭逮，11月被處決。

不一樣的生活

俄羅斯鬍子

歡迎來到俄羅斯，現在是1705年。你說奇不奇怪——我是鬍子！

真的，不騙你。

通常是在我上頭的嘴巴在說話。

但因為俄國沙皇彼得大帝的關係，我必須出來說點話。

叫我「大帝」就好！

彼得大帝想要把死氣沉沉的俄羅斯拉進現代的世界，於是成立優秀的陸軍與海軍，也成立新首都。

「即將見面：
聖彼得堡」
當然，這座城市是以我為名。

為了達到這個目的，他在1697—1698年，去了一趟歐洲，觀摩各國。

奧地利
英國
荷蘭共和國*

他把許多新想法一起帶回國。

其中一個想法是，俄羅斯人應該穿著更現代的服裝。

親愛的，你的服裝太落伍了！
新風格

舊風格

大鬍子看起來太老派，因此被禁止。這表示，警方可以幫你刮鬍子！

剪斷！

只有神職人員和農奴可以留鬍子。

我什麼都沒有，只有鬍子。

如果想留鬍子，則可以繳稅，這樣就會得到一枚特別的硬幣，證明你已經繳稅。如果是留著鬍子的富商，一年要繳納一百盧比！

ДЕНГИ
ВЗЯТЫ
「鬍子幣」

只是，我的主人還沒繳稅。我得躲起來！

警察大人好！
嗯……

蓄鬍稅在1772年廢除。

好險，差點就被剪掉了。

鬍子佬，我要來抓你了！
謝天謝地，不用被逮了。

*譯註：1581-1795年間，位於今天荷蘭與比利時北部的國家

歷史筆記

凱薩琳大帝

1725年，彼得大帝駕崩之後，俄羅斯接連由許多君主繼位，但在位時間都很短。1762年，彼得三世在位六個月就去世，於是妻子凱薩琳獨自擔任女皇。事實上，凱薩琳是18世紀統治俄羅斯的五位女皇之一，在當時的世界是很罕見的現象。

凱薩琳統治俄羅斯34年，成為俄羅斯在位期間最長的領袖。大家稱她為凱薩琳大帝，但她真正的名字是蘇菲，且出生於今天的波蘭，而不是俄羅斯。

莫斯科聖瓦西里大教堂有色彩繽紛的圓頂，是凱薩琳在位期間增修的。

許多最能代表俄羅斯的物品就是在17、18世紀發展出來的，至今依然很受歡迎：

俄羅斯傳統彩繪餐具，稱為「霍赫洛馬」

茶炊：裝飾精美的金屬容器，可煮水泡茶

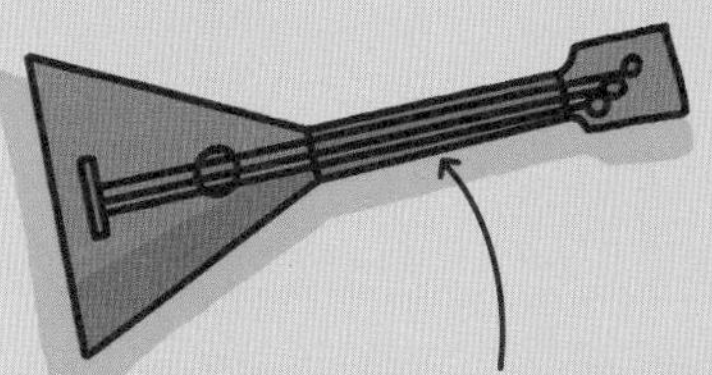

巴拉萊卡琴：像吉他的樂器，有三條弦與三角琴身

1704年，俄羅斯成為第一個在貨幣系統中採用十進位的國家：會計算到十分位與百分位，一盧布（俄羅斯貨幣）等於一百戈比。

不一樣的生活

砍下的頭

你好，歡迎來到1793年的法國巴黎。很奇怪吧？

我是一個被砍下的頭顱，立在一根長矛上，這樣我就可以看清楚周遭的情況。

法國發生了大革命，一大群平民百姓聚集觀看貴族遭到斬首。

有什麼遺言嗎？
斷頭台
請別砍到太多背部

當時平民百姓都在挨餓，但王公貴族與神職人員都過著奢華的日子，於是平民在1789年展開反抗行動。

這情況令人作嘔！
我們也要反抗！
人人理當平等！
對，我們同樣生氣！

1789年7月14日，一群暴動者闖入巴黎巴士底監獄——這地方是權威的象徵。

闖入監獄似乎有點奇怪……

同一年稍晚，成群結隊的女士來到路易十四國王與瑪麗·安東妮皇后的王宮，要求他們解決問題。

人民要餓死了！
親愛的，妳找誰來見妳嗎？
啊，小老百姓！

在這場追求平等的戰鬥中，最後有幾萬人喪命，包括國王——他在1793年被送上斷頭台。

但我是國家元首！
就快要不是了！

法國成了由人民統治的共和國。不久之後，人民怨恨的瑪麗·安東妮皇后也被處決。

唉呀，脖子很痛！

我是普通百姓，你呢？
我是王后！

現在我們平等啦！
胡說八道！

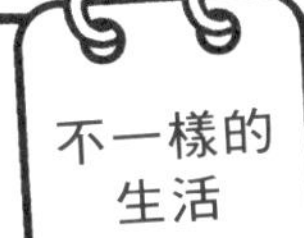
不一樣的
生活

船貓

喵！現在是1802年，我是特里姆，在英國皇家海軍的船艦調查者號擔任總司令。

不過，自認為主導一切的是這個人——海軍上校馬修．弗林德斯。（他才沒有主導權呢。）

我的任務是睡覺和抓老鼠，而他在巨大的島嶼周圍航行，繪製海岸地圖。

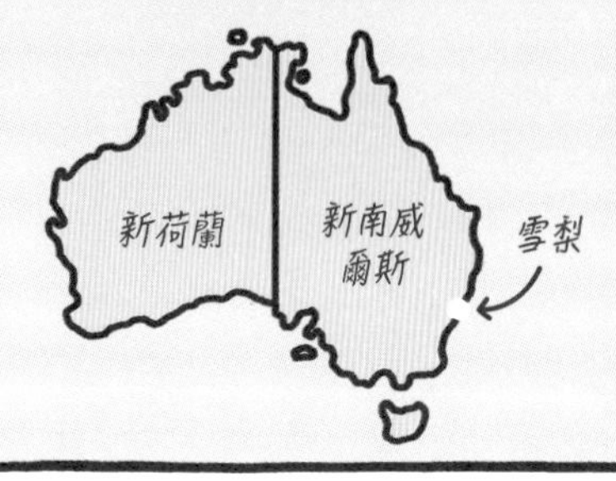
新荷蘭
新南威爾斯
雪梨

弗林德斯的航行從1802年7月展開，進行到1803年6月。

荷蘭與英國入侵者都為這個大陸的部分地區取名。不過，弗林德斯想要把整塊大陸稱為「澳大利亞」。

澳大利亞

但這裡已經有人居住，且住了五萬年。可想而知，他們未必樂於見到我們。

看起來有客人來訪喔……
比較可能是討厭鬼吧！

澳大利亞最早的居民，今天稱為澳洲原住民。

這裡有超過250種不同族群，各有各的語言文化，已發展了好幾千年。

夢世紀——關於創造的故事

迴力鏢——一種打獵的武器

迪吉里杜管——樂器

聖地——例如烏魯魯巨岩

我們有個船員叫做邦加里，他是原住民軍官，能和本地人對話。

我會試試看，上校！

嘰哩咕嚕
嘰哩咕嚕
嘰哩咕嚕

邦加里，他們樂於看到我們嗎？
讓我簡單報告一下……

ㄌㄩㄝ（吐舌）
好吧，至少他們喜歡這隻貓。

邦加里是書面紀錄上第一個被稱為「澳洲人」的人

新聞提要

19 世紀可說是「全速向前」的歷史階段。

蒸氣時代

100年前，英國人發明蒸汽機，加上新發明的燃煤裝置，推動了工業革命。勞工經常搭上新奇的蒸汽火車，從農場來到工廠。

日本重啟國門

工業革命很快席捲全世界，但日本自我封閉，鎖國了兩個世紀。1853年日本終於結束鎖國，歐洲已經掀起哈日炫風，熱愛絕美的日本版畫與優雅裝飾的瓷器。

查爾斯·達爾文

物種起源

科學也出現重大進展，人類開始掌控電力，也展開了對抗病菌的戰爭。然而，一名年輕的自然學家前往遙遠的太平洋島嶼，提出這時代極具爭議的概念：演化。

美國內戰

美國是剛成立的國家，卻發生內戰，導致60萬名軍人喪生。北方各州組成的「聯邦」由亞伯拉罕·林肯總統率領，對抗南方各州組成的「邦聯」。南方各州多半有蓄奴，而這場長達四年的內戰（1861—1865）最後讓美國受到奴役的人獲得解放。

亞伯拉罕·林肯

不一樣的生活

化石燃料

歡迎來到1829年的英國——世界第一工業化大國！我現在是一團處理過的煤，叫做「焦炭」。

我可不孤單！

我原本是從三億年前生長的植物變成的煤炭，那些植物比恐龍還早出現！就像石油與天然氣，煤炭也是化石燃料。

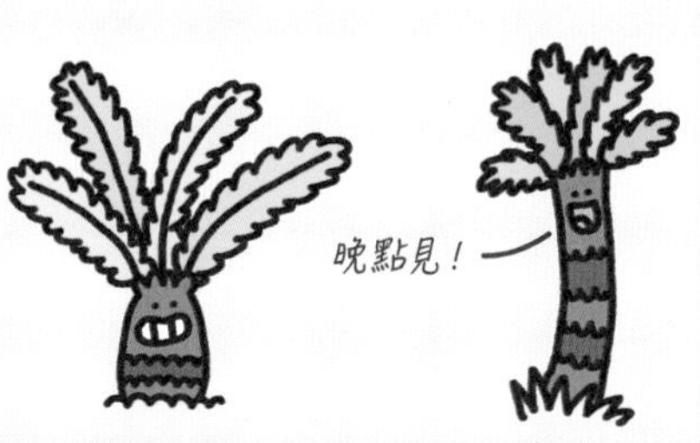
晚點見！

我和朋友成為新潮蒸汽火車的燃料。火車的最高速可達每小時48公里。

露天車廂
水櫃
燃料
（我們在這）
燃燒室
活塞
煙囪

這列車稱為「火箭號」，由羅伯．史蒂文生設計。

鐵路是英國工業革命的一部分，以機器取代人與馬。

但我這麼可愛
我也是啊，真苦惱！

經過50多年，工程師打造出許多聰明的裝置。

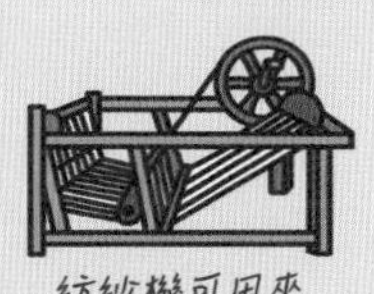

紡紗機可用來製作棉線

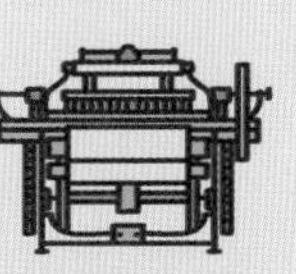

動力織布機可織出棉布

蒸氣紡織機

原本在田野與農場工作的大量人口，現在轉移到工廠做工，連孩童也不例外。可是，許多人年紀輕輕就死了。

長大後希望做什麼？
希望還活著……咳咳！

這些工廠燃燒大量的骯髒煤炭與焦炭。

冒煙！

但這是我們的工作。

燃燒化石燃料不會有害吧？會嗎？

參閱120頁。

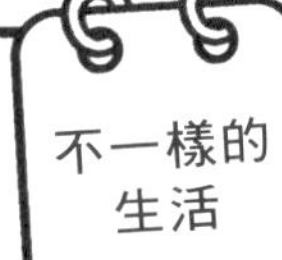
不一樣的
生活

山

你好！現在是1832年，我是日本最高的山——富士山，也是一座火山。

這時日本的首都江戶（今天的東京）有超過100萬人口，和我相距115公里。

看看我的畫像……

是不是很美呀？

這些圖是由71歲的畫家葛飾北齋繪製。

這是我的
強項！

葛飾北齋把畫刻在木板上，之後塗上墨，印成彩色的版畫販售。

原圖

雕刻木板

使用墨與紙

版畫完成！

這種版畫稱為「浮世繪」，通常會以演員和其他普通人為主角，買家通常是商人。

歌舞伎

在江戶時代的日本，商人即使家財萬貫，社會階級仍然低。

武士
我比他們全部高尚
農人
我比他們高尚
藝術家與匠師
我比他高尚
商人
我最後一名

當然，每個人都得仰望我——我可是一座山哪。即使掌握統治權的幕府將軍也不例外。

這麼得意？！

這是我在葛飾北齋筆下最知名的圖畫。

富嶽三十六景之「神奈川沖浪裏」

嗯，他應該把我畫大一點……我說說而已！

抱歉囉！

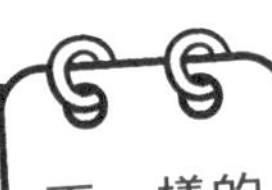

不一樣的
生活

象龜

1835年10月，距離厄瓜多海岸900公里，一座地處遙遠的火山島上……

等等！等等！我盡量加快腳步就是了。

過了30分鐘……

呼！你好，我是象龜。我超大，但動作慢。

體重：250公斤
速度：每小時60公尺

我住在一群小島的其中一座，你們稱這裡為加拉巴哥群島。

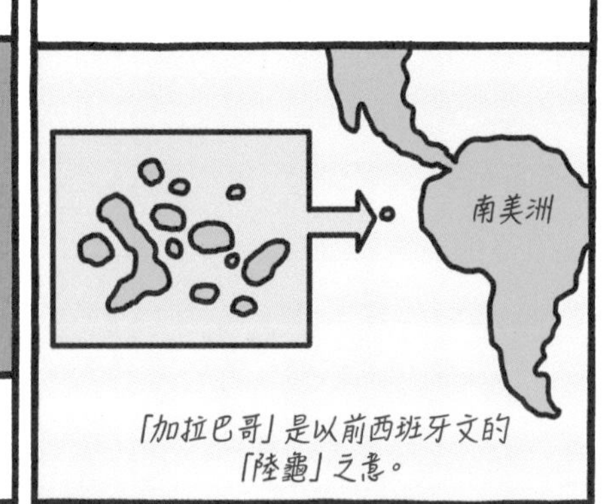

南美洲

「加拉巴哥」是以前西班牙文的「陸龜」之意。

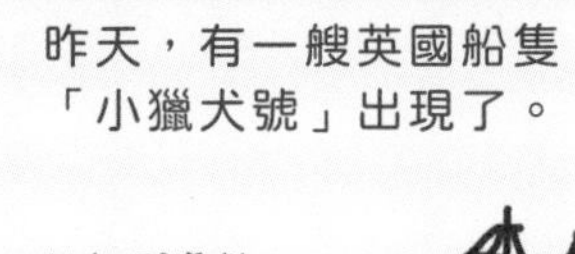

昨天，有一艘英國船隻「小獵犬號」出現了。

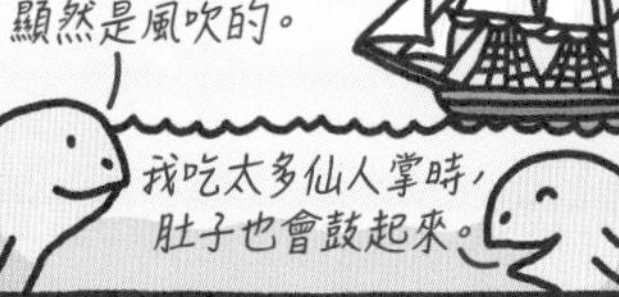

船帆那麼鼓，顯然是風吹的。
我吃太多仙人掌時，肚子也會鼓起來。

坦白說，很高興看到這艘船離開。船上有這名年輕人……

我叫查爾斯·達爾文

但我們陸龜都叫他「殺手」，因為他老是在收集標本。

又有一隻可以送回倫敦了！

快閃！

聽說，他發現有這麼多動物只生存在加拉巴哥群島，感到很驚奇。

海鬣蜥

吸血地雀

加拉巴哥斯企鵝

這些群島有些物種看起來很像，卻又不同，例如這些仿聲鳥。

第一座島：鳥喙短

第二座島：鳥喙中等

第三座島：鳥喙大

令人驚訝的是，其他島嶼也各有各的象龜種類，龜殼形狀都不一樣！

我
陌生龜

半圓形龜殼（我的島嶼）

鞍形龜殼（另一座島嶼）

你認為我們動作慢，但達爾文花了24年才提出演化論，說明這些差異是如何發生的。

對，現在還有個傢伙叫做阿弗列德·羅素，也提出一樣的看法。

所以達爾文趕緊寫完一本書。

可惜我演化程度不夠，沒辦法閱讀。
物種起源

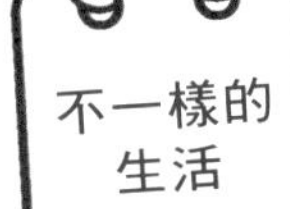

不一樣的
生活

星星

你好，我是北極星。
現在地球大約是1850年代初期。

一閃一閃
亮晶晶！

人類在夜間會利用我來尋找方向……

往那邊去，
尋找自由！

……這位勇敢的女子哈莉特．塔布曼也是其中一員。

爸媽叫我艾拉敏塔，或「敏蒂」。

哈莉特大約在1820年，出生在美國馬里蘭某個種植園的奴隸家庭。

即使還是個小女孩，哈莉特也遭受白人蓄奴「主人」惡意對待，造成一輩子的傷痕。

馬里蘭州就在賓州南邊，而賓州的奴隸已獲得解放。

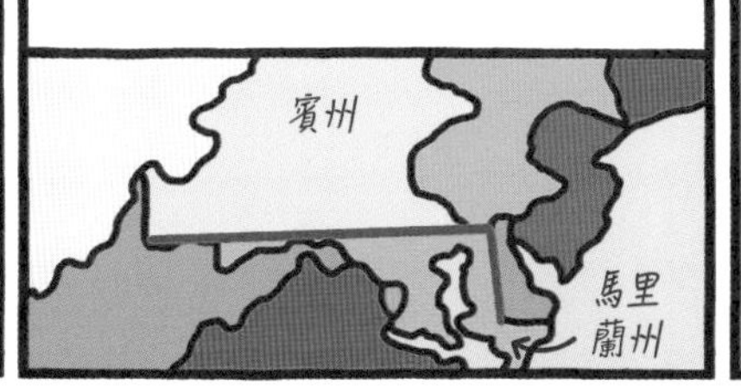

賓州
馬里
蘭州

1849年，哈莉特逃走了，設法前往賓州。

跟我來！
感謝上帝，天空無雲……

但是蓄奴主人提出懸賞金，要把她抓回來，於是「逃奴獵人」設法去找她。

哈莉特沿著「地下鐵路」行進──這是指宗教人士與其他反蓄奴人士建立的一連串避難所，而暗中協助的人稱為「車掌」。

第一夜
第二夜
第三夜

在安全抵達之後，哈莉特決定回來，幫助其他奴隸逃跑。

跟我來！

經過八年，「車掌」塔布曼帶領70多個奴隸，透過地下鐵路逃跑。

我從來沒丟失過一個乘客。

哈莉特在1913年去世。

哈莉特是眞正的星星，無怪乎美國把她放到20美元的鈔票上。

20
20
20

歷史筆記

悲劇交易

遺憾的是，在整個歷史上都見得到奴隸，幾乎每個文化與文明都在某些時候，犯下把人當奴隸的罪——包括阿拉伯與亞洲國家，以及歐洲與美洲。400多年來，有無數人從非洲的家鄉被偷偷帶走，成為大西洋三角貿易的一部分。

遭受奴役的人會被用來換取歐洲貨物，例如武器、衣服與金屬。

糖、棉花、菸草
廉價商品
咖啡
奴隸
奴隸
奴隸

他們被送到加勒比海、巴西與美國去種植作物，包括棉花、咖啡、菸草與糖，之後這些商品再送回歐洲。

他們被送到加勒比海、巴西與美國去種植作物，包括棉花、咖啡、菸草與糖，之後這些商品再送回歐洲。

19世紀初期，英國與美國都廢除了大西洋奴隸貿易。不過，美國與其他國家的國內依然有奴隸，而黑人也得面臨歧視、偏見與暴力。到了20世紀中期，美國黑人與盟友開始爭取平等權利，稱為美國民權運動(參見117頁)。

不一樣的生活

微生物

歡迎來到法國科學家路易·巴斯德的實驗室，現在是1860年代的巴黎。

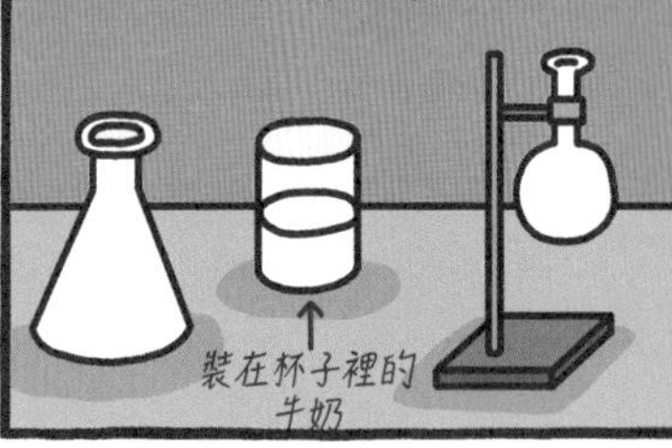
裝在杯子裡的牛奶

不，說話的不是牛奶——是這杯牛奶裡極小的微生物。

這裡有數不清的微生物，有些可會讓你們人類生病的。

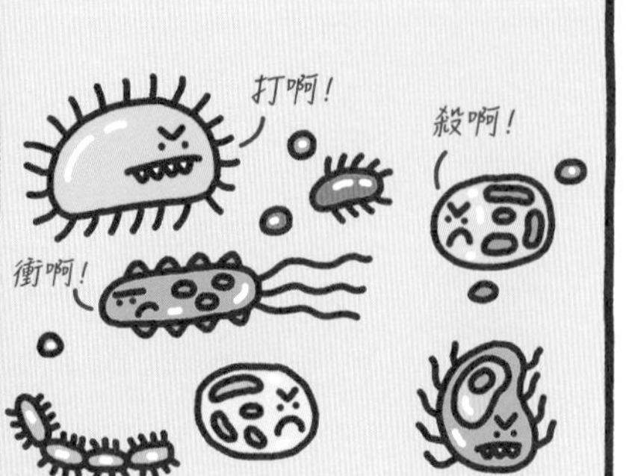
打啊！
殺啊！
衝啊！

不久以前，人類以為疾病是「壞空氣」造成的。

你看起來很糟！
一定是因為吸入了什麼不好的。

不過，這個愛管閒事的巴斯德懷疑，會不會是小小的微生物搞的鬼？

只是個小小的念頭，不過呢……

事實上，波斯學者伊本·西那在西元1025年就盯上我們了。

我認為，看不見的東西可以傷害你。

後來在1670年代，荷蘭人安東尼·范·雷文霍克發明了顯微鏡之後，情況更糟了。

我看得見我嘴巴裡小小的「微動物」！
慘了！我們被發現了！

這下子可惡的巴斯德不僅證明我們存在，還知道可以用熱來摧毀我們。

我做的實驗，是把裝在特殊燒瓶裡的湯煮滾。

啊！這下子我們麻煩大了！

他的作法稱為「巴斯德消毒法」：慢慢加熱液體，殺光我們這些微生物。

而不是讓微生物殺了我們！
不公平！

最糟的是，你們發現「細菌」之後，就找出新辦法對抗我們。

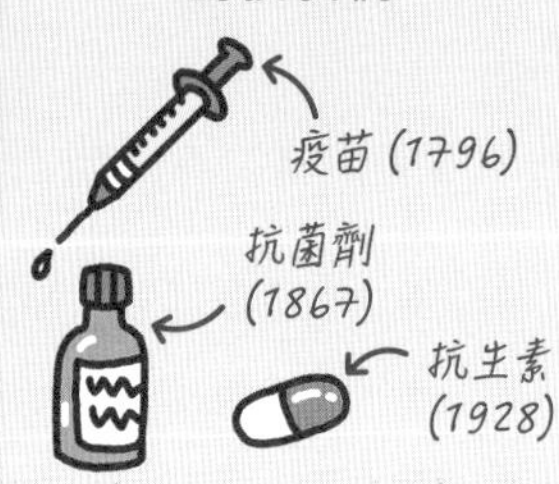
疫苗（1796）
抗菌劑（1867）
抗生素（1928）

啊，上午喝牛奶的時間到了……
該我們復仇了！

先來個「巴斯德消毒法」……
完蛋啦！！！！

歷史筆記

回到未來

生活在高科技世界的我們，或許沒想到許多現代機器與玩意兒，起源可追溯回19世紀的科學研究者！

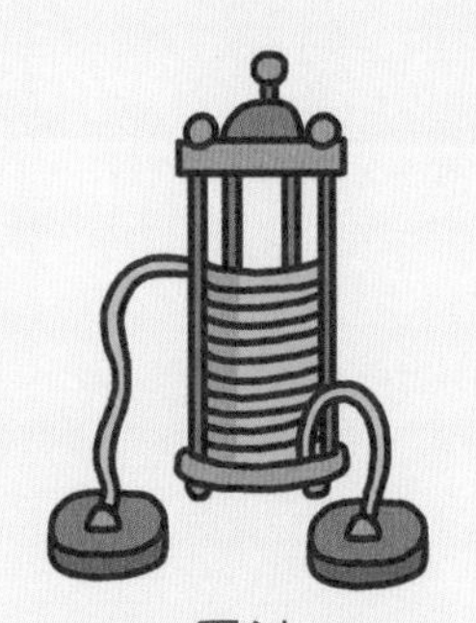

電池（亞歷山德羅・伏特，1800）

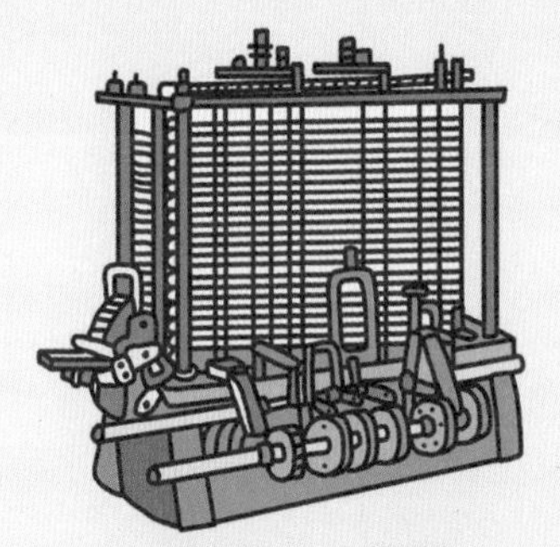

機械式計算機（查爾斯・巴貝奇，約1837年）

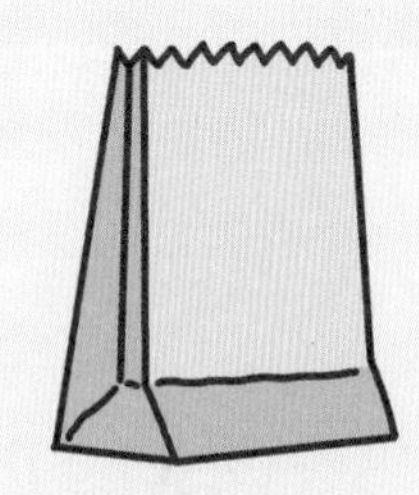

紙袋（瑪格麗特・奈特，1868年）

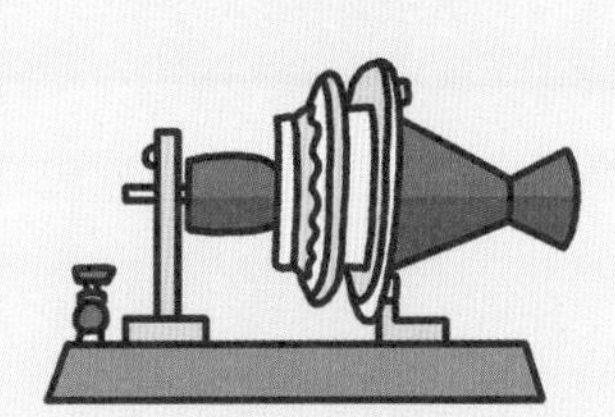

電話（亞歷山大・格拉姆・貝爾，1876年）

白熾燈泡（湯瑪斯・愛迪生，1879年）

汽車（卡爾・賓士，1885年）

洗碗機（約瑟芬・科克倫，1886年）

自動電梯門（亞歷山大・邁爾斯，1887年）

電影放映機——攝影鏡頭與投影機（盧米埃兄弟，1895年）

新聞提要

從1900年之後，世界就像一陣旋風，唯一不變的，就是改變。

平權

美國與英國已經廢奴，但是種族偏見依然存在。女人也無法和男人平起平坐——不過紐西蘭在1893年跨出一大步。

權利
平等！

世界大戰

歐洲在1914年發生戰爭，戰事蔓延到全球。這次大戰在1918年德國投降之後結束，但才過二十多年，德國又引爆第二次世界大戰。

俄國革命

第一次世界大戰時，俄羅斯皇室被推翻，成為共產黨統治的蘇聯。另一種相對立的政治觀——法西斯主義——推動了納粹德國興起，導致1939~1945年的第二次世界大戰。

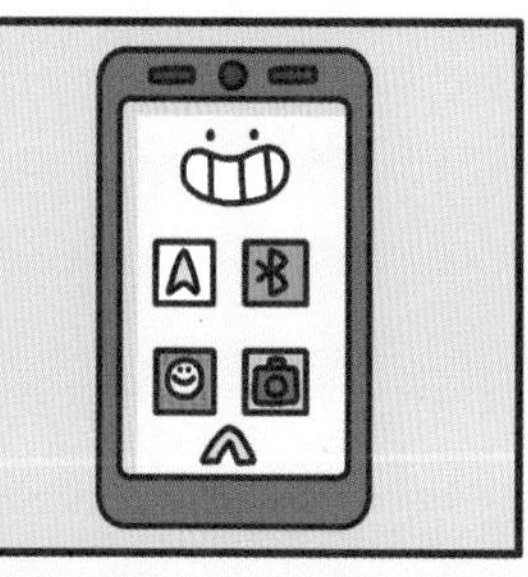

20與21世紀的科技

幸好有更多新消遣出現，陪伴人們度過困難的時光，例如電影、電視、收音機、錄製與播放聲音等等。我們今天都可以靠著小小的手持裝置來取得這些娛樂。

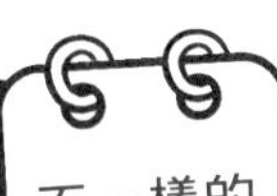

不一樣的
生活

白花

你好！現在是1893年9月19日，我是白色山茶花。

而這位名叫凱特．雪帕德的女子，是含苞待放的傳奇！

在凱特的努力之下，她移居的紐西蘭*成為全球第一個賦予女性投票權的國家。

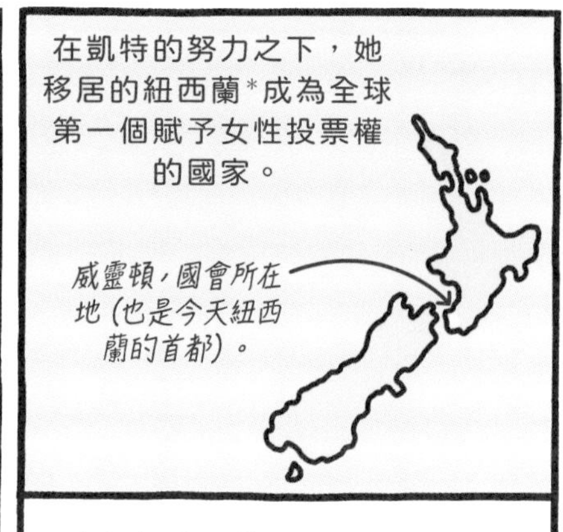

威靈頓，國會所在地（也是今天紐西蘭的首都）。

＊在當時，紐西蘭仍是英國殖民地。

在這天之前，只有年滿21歲的男性可在紐西蘭國會大選中投票。

但凱特和一群提倡女性參政權的人，成功向國會請願，讓人人都能同樣表達意見。

海倫．尼科爾
艾妲．威爾斯

哈莉特．莫里森

艾米．達迪

她們收集了超過三萬份簽名，請願書數量之多，還得以手推車運送。

再推最後一把，女性就可以獲得平等權利！

幸好有婦女參政運動人士梅里．特．泰．曼加卡西亞，讓毛利女性也能投票。

我們先住在這裡的……*

＊參見67頁

男性國會議員會戴上白色山茶花（像我！），表達支持。

我們是最棒的夥伴！

反對女性參政的人則戴上紅色山茶花，表示反對女性得到投票權。

我的花和我的臉一樣紅通通，氣氣氣氣氣！

但反對者輸了，而世界其他國家這會兒也得加快腳步！

女性獲得投票權的時間：
英國＝1918
美國＝1920
法國＝1944
日本＝1945
印度＝1947
瑞士＝1971
沙烏地阿拉伯＝2015

為了慶祝，凱特穿上燈籠褲騎單車。

女人穿長褲？成何體統！

軍犬

的祕密日記

摘自會帶來好運的英國軍犬
羅利日記。1914年第一次世界
大戰期間，牠在位於法國的
戰壕內度過。

汪！

我的戰利品：

牛肉
罐頭
(好好吃！)

12月22日

汪！我們在法國西方戰線的戰壕裡就是這樣。
這裡天寒地凍，潮濕泥濘，德國人就在我們前方30公
尺外的戰壕，整天以槍砲彈藥朝我們發射。
當然，我的主人與同袍也回敬他們，
而我自己也忙著打仗。今天我抓了六隻大老鼠，
獲得罐頭牛肉當獎賞——開心！

我方的戰壕

12月23日

幸好我只是小㹴犬，距離戰壕頂
部有兩公尺。我的主人趁著休息
時，除去制服上的蝨子，但代替
他的人卻遭德國狙擊手擊中，
軍醫趕緊把傷者帶走。之後，主人
一語不發，清理著自己的步槍。
我宰了三隻老鼠，不知這樣能不
能讓他開心一點。

我的戰利品

聖誕節前夕

今天早上，有人看到天空出現快速移動的紅色物體，笑稱是聖誕老人提早出發。他們隨後發現原來那是德國戰機，於是趕緊朝著飛機掃射。不過，我的主人確實提早收到禮物——是家裡寄來的罐頭，裡頭有甜點、沙丁魚和餅乾，還分了一些給我吃！

德國雙翼飛機

來自家鄉的
聖誕節禮物

我的戰利品

(好吃！)

聖誕節

太奇妙了，今天竟是以歌聲揭開序幕！天剛亮，就聽到德國人在唱聖誕頌歌，我方也朝著對方唱。之後德國人以很好的英文嚷道：「聖誕快樂！要不要休戰？今天別打仗了？」我長話短說，總之兩邊戰壕的軍人來到中間的「無人地帶」握握手，交換小禮物。有些人甚至踢足球，還有人分享家鄉的故事。

無論將領怎麼說，德國軍人其實似乎和我們很像，真的。最棒的是，德國人揉揉我的肚子，給我香腸，之後我們在午夜回到自己的戰壕。他們也不是那麼壞。

我的戰利品
(三倍美味！)

不一樣的生活

默片字卡員

1927年，加州洛杉磯，有個年輕人憂心忡忡。

是的，我擔心到幾乎說不出話來——那就尷尬了。因為……

剛推出的電影《爵士歌手》（*The Jazz Singer*），是世界上第一部有聲的劇情長片。

這部片大受歡迎——雖然只有兩分鐘對話——包括經典台詞：

你什麼都還沒聽到呢！

他說的沒錯。在有聲電影出現之前，「默片」會用「字幕卡」來對話：

她：哇，我們在電影裡！
他：我說不出話來！

電影會有現場音樂伴奏。

希望鋼琴演奏者安靜——他彈得很糟！

默片也捧紅一些超級明星。

查理·卓別林：世上第一位超級巨星

瑪麗·畢克馥：電影女王

任丁丁：狗明星

雖然有些角色在有聲電影中不太對勁。

喵？
卡！你被炒魷魚了！

許多默片明星丟了工作。

不僅如此，洛杉磯有個地方也因為片場而舉世聞名

HOLLYWOODLAND

這就是好萊塢，而上頭的LAND已在1949年拆除。

但我的工作是寫字幕卡，現在得想辦法做出賣座的有聲電影……

嗯，可是要寫什麼……

「逃出主題公園的恐龍？」太誇張了！你被炒魷魚了！

劇終

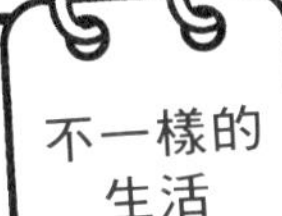

不一樣的
生活

扁瓶裡的湯

哈囉，現在是1932年5月20日，我是裝著雞湯的扁酒瓶……很無趣喔？

錯！我可是美國飛行員艾蜜莉亞·艾爾哈特（Amelia Earhart）的能量補充品。

大家稱她為A.E.，她駕駛一架鮮紅色的飛機，準備成為第一個單獨飛越大西洋的女性……

LOCKHEED
VEGA5B飛機*

1922年，A.E.成為世界上飛得最高的女人，抵達4,300公尺。

駕駛艙是露天的，冷颼颼的！

1928年，她成為第一個飛越大西洋的女性乘客，因此一舉成名。

這趟旅程花了20小時又40分鐘。

1931年，她成為第一個駕駛自轉旋翼機（一種直升機）的女性。

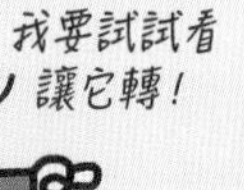

我要試試看讓它轉！

當時大眾對於飛行很熱衷，是因為這些傳奇人物……

奧維爾和威爾伯·萊特（萊特兄弟），人類首次駕駛動力飛機（1903）

路易·布萊里奧，最早飛越英倫海峽的人（1909）

貝西·科爾曼，第一位取得飛行執照的非裔美籍飛行員（1921）

查爾斯·林白，第一位單獨飛越大西洋的飛行員（1927）

如果今天AE和我能穿越這厚厚的雲層和冰冷環境，她也會成為傳奇人物。

要多喝點湯！
咕嚕！

起飛後14小時56分鐘，我們降落在北愛爾蘭的機場。

妳從很遠的地方來嗎？

剛從美國來！

謝謝我的扁酒瓶，我成為第一個飛越大西洋兩次的人。
誰說湯不是萬能的？

遺憾的是，AE在1937年嘗試環球飛行時失蹤了。

*譯註：LOCKHEED是飛機製造廠洛克希德，而VEGA則是飛機型號，意思是織女星。

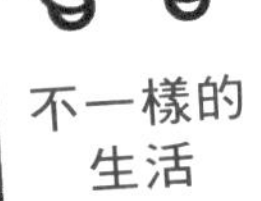
不一樣的
生活

字母V

現在納粹德國與他們的軸心國盟友，佔據了歐洲北部的絕大部分。

你好。這裡是1941年夏天的法國鄉間小鎮，我是字母V。

納粹軍官可不樂意見到我……

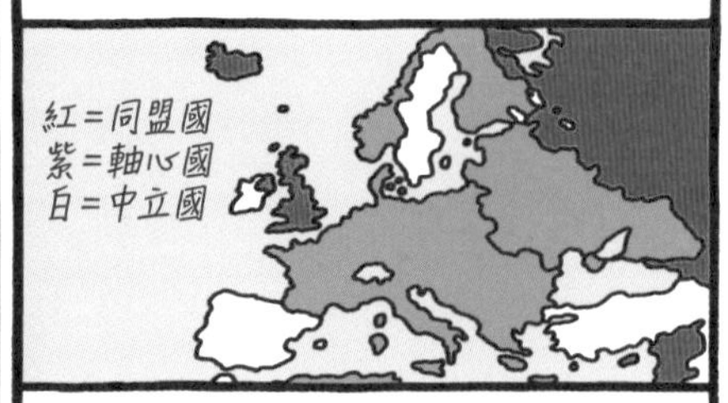
紅＝同盟國
紫＝軸心國
白＝中立國

在1939年德國佔領波蘭後，法國、英國與其他同盟國已對德國宣戰。

納粹在領導者希特勒的指揮下，實行粗暴的軍事統治。

我是勇敢的反納粹塗鴉。

所以說呢……

V代表勝利與反抗。

其他勇敢的法國公民，會展開蓄意破壞及武裝反抗行動。

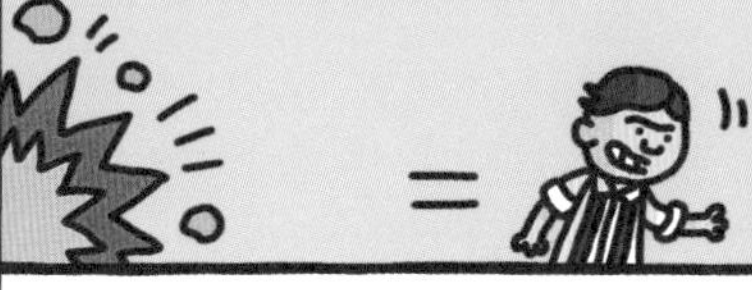

納粹佔領法國時，法國武器工廠得為納粹工作。

抵抗運動的戰鬥者，會取得英國軍事組織的支援。

祕密飛機會偷偷載著間諜進出法國

收音機訊息會傳遞有暗號的訊息

經常空投武器與軍火

英國專家也會提供一些巧妙偽裝的炸藥

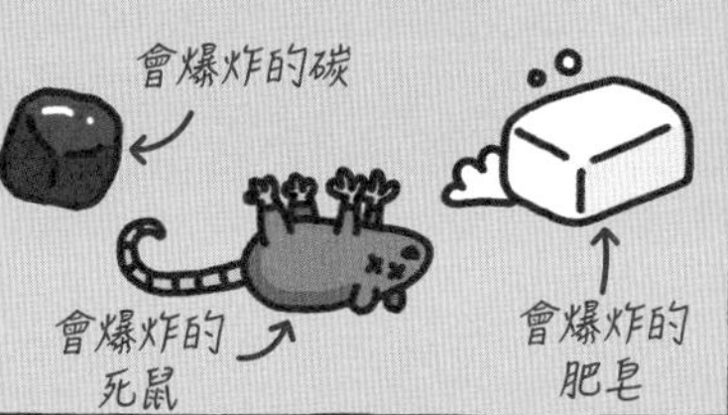
會爆炸的碳
會爆炸的死鼠
會爆炸的肥皂

然而，納粹會對任何反抗者施加慘絕人寰的報復。

納粹會奪去人命、摧毀村莊。

不過，他們扼殺不了自由的精神。

我們絕不投降。

我只是用粉筆寫成的，納粹可以把我抹掉，但無法除去我所代表的事……

1945年5月，盟軍終於在歐洲戰勝，5月8日成為歐戰勝利紀念日。

歷史筆記

戰爭與和平

第一次世界大戰（1914—1918）原本是希望「以戰爭來終止所有戰爭」，但才剛過20年，納粹德國又在1939年入侵波蘭，再度點燃戰火。第二次世界大戰是兩組國家之間的戰爭：同盟國與軸心國。同盟國的主要國家是英國與法國，到了1941年又加入美國和俄國。軸心國主要是納粹德國、義大利與日本。這場戰爭會持續六年，全世界也有7,000萬人死亡。

納粹

德國獨裁者希特勒（曾參與第一次世紀大戰）希望戰敗的德國再度強盛，他透過戰爭、入侵、竊取與大量屠殺來達成這個目標，因而造成悲劇。

原子彈

1945年8月，美國在日本的廣島與長崎投下原子彈，幾十萬市民因而身亡，迫使日本投降，結束這場戰爭。

大屠殺

納粹處決過許多族群的人，包括羅姆人、斯拉夫人與猶太人。在集中營，有600萬名猶太男女與孩童遭到有系統地殺害。今天這場悲劇稱為「大屠殺」（Holocaust或Shoah）。

聯合國

聯合國現在位於紐約，是由同盟國在二次大戰之後成立的組織，希望能防止這樣的殘忍暴行再度發生。

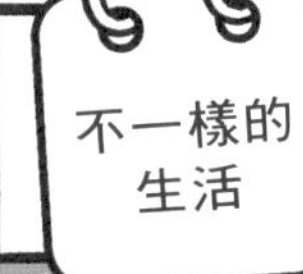
不一樣的
生活

一根粉筆

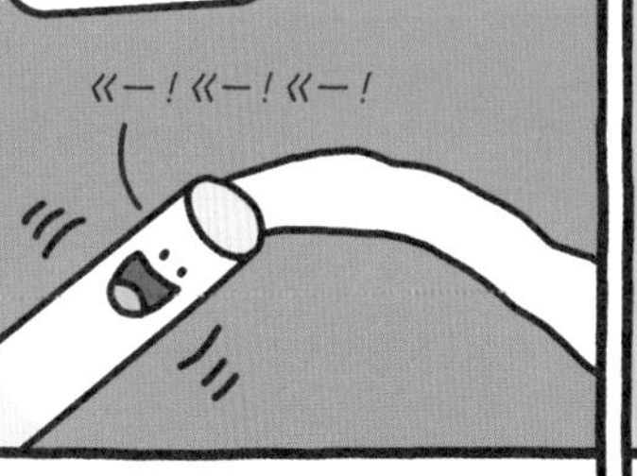
ㄍㄧ！ㄍㄧ！ㄍㄧ！

翻譯：你好，現在是1962年，我是粉筆。

ㄍㄧ！ㄍㄧ！
ㄍㄧ！

翻譯：我是凱瑟琳．強森。

凱薩琳用我和黑板，解決太空梭飛行計畫的數學問題……這些問題很複雜呢！

她很聰明，有「人形電腦」的尊稱。

但我不必插電！

凱薩琳在美國航太總署上班，她必須交出正確無誤的計算結果，才能保護太空人的生命安全。

艾倫．雪帕德，
1961年成為第一個上太空的美國人
約翰．葛倫，
1962年成為第一個繞行地球的美國人

事實上，在凱薩琳徹底檢查所有數字之前，葛倫無法升空。

她全都算對了。

然而當時的人未必認為，她和美籍非裔同胞的生命和大家一樣珍貴。

黑人專用食堂
白人專用食堂

黑人與白人工作者是分開的，或「種族隔離」。

在研究報告上看不到凱瑟琳的名字，她也不能參與會議。

這行不通！

幸好1958年，凱薩琳加入了禁止種族隔離的航太總署，於是一切改觀了。

1969年，凱薩琳的數學計算幫助人類初次登月。

不知何時
可看見女性
登月……

目前尚未發生。

歷史筆記

民權運動

1865年，美國廢除奴隸制度，卻沒能終止黑人公民遭到歧視的情況。過了將近一個世紀，美國黑人展開奮鬥，爭取平等權利，這過程稱為民權運動。

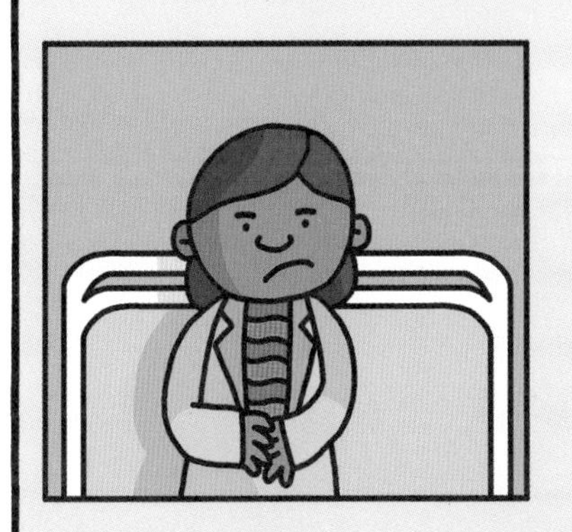

羅莎・帕克斯

1955年12月在美國阿拉巴馬州的蒙哥馬利市，有個叫做羅莎・帕克斯的女人辛苦工作了一天後，搭上公車，找個位子坐下。當時的種族隔離法律主張，羅莎必須坐在車子後半部的黑人區，她也照辦。後來，公車司機命令羅莎要讓座給一名白人男子，她拒絕了，於是遭到警方逮捕。她的行為點燃了平權運動。

小馬丁・路德・金恩

受到羅莎抗爭的啟發，浸信會牧師小馬丁・路德・金恩號召眾人抵制蒙哥馬利市公車，也進一步率領群眾展開非暴力抗爭，追求平等權利。1963年，他協助安排在美國首府華盛頓特區的和平遊行，在此處發表知名的演說〈我有一個夢〉，這場演說成為人人擁有平等權利與自由的象徵。隔年，美國簽署了民權法案。

任何人在任何設施或場所，
均有權免於任何歧視或隔離。

1964年美國民權法案

1964年，美國總統林登・詹森簽訂《民權法案》，在場見證的包括小馬丁・路德・金恩等民權運動領袖。這項法案禁止公共場所實行種族隔離，也不准工作場所出現歧視。

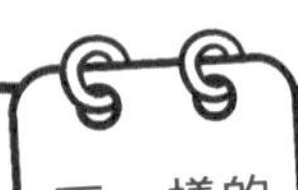

不一樣的
生活

海鷗

哈囉！歡迎來到1963年的蘇聯。我是隻貨真正的海鷗，你們想看的在上空。

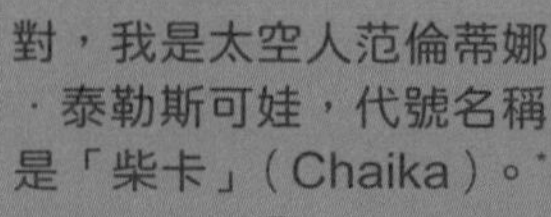

對，我是太空人范倫蒂娜·泰勒斯可娃，代號名稱是「柴卡」（Chaika）。*

*俄文的「海鷗」。

我這兩天又22小時50分鐘，搭乘太空船「東方六號」，於地球上空16萬公尺處繞行。

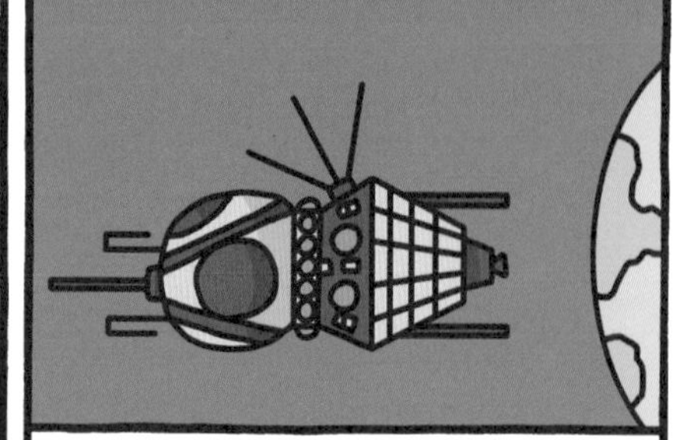

東方六號在1963年6月16日升空。

在繞行地球48圈之後，現在我要搭降落傘回到地球，我在7,000公尺高會彈出太空船。

我

太空艙

蘇聯和美國之間正進行「太空競賽」，目前我們似乎領先。

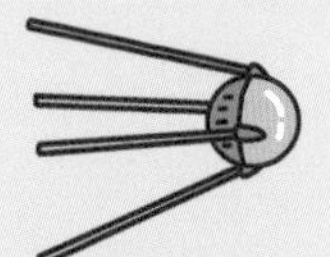

史普尼克一號：世界第一艘太空人造衛星（1957年）

萊卡：第一隻繞行地球軌道的狗（1957年）

尤里·加加林：第一個上太空的人類（1961年）

目前為止，美國人送了許多動物上太空

果蠅

猴子

老鼠

黑猩猩

……第一個美國太空人也上了太空

1961年，雪帕德上太空

他們打算在1970年以前登陸月球。

美國人在1969年7月20日登上太空，參見116頁。

但我是第一位在太空飛行的女性！只是食物很噁心，而且沒帶牙刷。

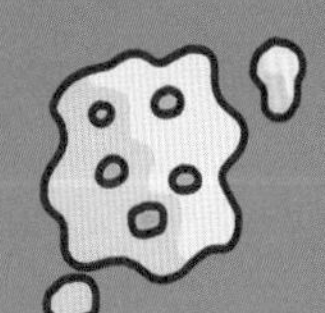

我也沒跟媽媽說我要去哪裡，她是看電視時才發現我在太空。

嗨，媽！

小娜？！

我回地球了，真等不及再返回上空！

2013年，76歲的范倫蒂娜自願參與未來的火星遠征。

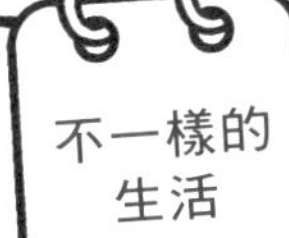
不一樣的
生活

智慧型手機

你好，我是現代的智慧型手機。能出手相助，借隻食指或拇指來嗎？

謝謝！

2004年，手機開始可使用指紋辨識身分。

看看我的功能，以及這些功能問世的時間！

觸控式螢幕（1992）
GPS衛星導航（1999）
相機（2000）
藍芽（2001）
無線充電（2012）

我也越來越短小精悍。第一支無線的手持行動電話，是1973年由摩托羅拉公司的工程師馬丁．庫珀開發，大小和一塊磚頭一樣，重量是1.1公斤！

接線生，請幫忙！
我的手機太重了！

你或許沒想過，早期的手機只能用來講電話。

我在
火車上！
知道啦！

文字簡訊在1992年出現。

我在
火車上！

SMS代表簡訊服務（Short Message Service）

許多人心中的第一支智慧型手機在1994年出現，是IBM公司的「Simon」（也稱為「西蒙個人通訊設備」）。

20公分
電池可維持一小時——好強喔！
可以打電話與發送簡訊和電郵——很強吧！

不過，到了1996年，可以上網的手機出現了。

是諾基亞的

網際網路是1989年由提摩西．柏內茲－李發明的。

實在太棒了！

現在智慧型手機可以把大量資訊送到35億人手中。

嗯……我要確認一下這個數字……

不過，用戶不是個個都聰明……

哎唷，掉了！
救命啊！

據說智慧型手機損壞的原因，有19%是因為掉到馬桶，導致進水！

幸好要找資訊還有其他辦法……

圖書館
有沒有什麼歷史書？
有！

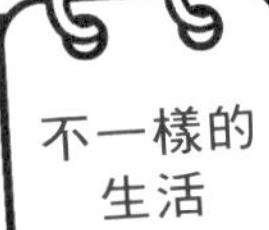
不一樣的
生活

碳原子

你好！歡迎來到高空。我是碳原子。

喂喂喂！
你說什麼？

好啦，其實我是二氧化碳氣體分子的一部分，和這些氧原子在一起。

哼。
這還差不多。

地球周圍的高空，確實有好幾噸的二氧化碳——而且數量持續增加。

漂亮的行星！

對，有漂亮的大氣層，但有點熱……

這是因為，從250年前的工業革命以來，你們持續燃燒化石燃料，例如石油、天然氣與煤炭。

記得我嗎？

參見101頁。

焦炭燃燒時，裡面的碳就會釋放出來，變成像我一樣的二氧化碳氣體分子。

終於自由了！
你要離開，是因為我，還是裡面很熱？

二氧化碳、水蒸氣和甲烷，是所謂的「溫室氣體」。

太陽的熱會被鎖在裡面。

幾個世紀以來，你們各種聰明的發明，都增加了二氧化碳。

電燈與暖氣

運輸工具

工廠與建築物

集約農業會讓更多牲口排氣，導致甲烷增加。

啊，抱歉！

這些氣體都會導致地球暖化，成為現今世界面臨的最大問題之一。

不舒服……太暖了。

這問題也會讓你們人類變成歷史……

為氣候罷課！

幸好你們也有許多聰明的「綠色」解決方案。祝你們好運！

風力

太陽能

種植更多樹木

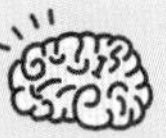

聰明的腦袋

不一樣的生活
未來
你好！我是未來的碎片。

歷史從來沒有停下腳步，所以沒人知道我會變得如何。

在讀了這本書之後，你已看到許多過去發生的事。

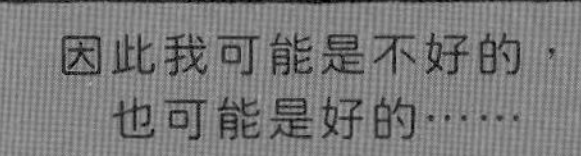
因此我可能是不好的，也可能是好的……

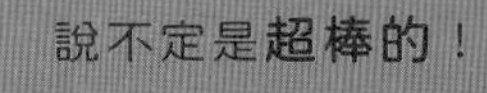
說不定是**超棒的**！

這可能都和你有關。
所以加油吧，想想看歷史上還有什麼事沒發生過……

哇！好期待，
祝你有美好的一天！再會！

再見！
再見！
謝謝閱讀！

詞彙表

原來，一天之內可以冒出很多事，也有很多新的詞彙要學習。在這過程中，你可能會遇到一些比較難懂的詞語，這時可以參考以下的簡單解釋。

考古學家（Archaeologist）
這種學者會專門研究以前的人留下來的物品，來了解過去的人如何生活。

貴族（Aristocrat）
指社會階級高的人，通常來自富有且掌握權力的家庭。

自動機（Automaton）
機器人的另一種稱呼。

佛教（Buddhism）
依據佛陀的教導而成立的宗教，大約在2,500年前的印度發源。

天主教（Catholicism）
是基督教最古老的派別，會遵守《聖經》宣揚的信念。天主教教會的領袖是教宗。

文明（Civilization）
指一群人生活在大型、有良好組織的環境，例如鄉鎮或城市。這些人有相同的語言文化，也有農業與政府體系。

公民權利（Civil Rights）
統治者或政府給予公民的權利——比如誰可以投票、誰能接受教育。人類在歷史上不斷爭取更平等的公民權利。在1950年代的美國，民權運動是一場和平的行動，目標是讓美國黑人能和美國白人一樣，擁有相同的權利。

殖民地（Colony）
一群人從一個國家遷移到另一個國家，並宣稱他們移居之處屬於自己的祖國。

征服者（Conquistador）
這個字源自於西班牙文的征服者，指16世紀入侵美洲的西班牙或葡萄牙探險家與軍人。

文化（Culture）
一群人共同擁有的生活方式——可能包括語言、穿著、音樂、藝術、信仰、習俗、飲食與宗教。

馴化（Domestication）
讓野生動物或植物變得溫和，如此可供人類使用，或一起生活。

護堤（Dyke）
通常是由土堤與溝構成的地方，是盎格魯薩克遜時代經常興建的防禦設施。

刺繡（Embroidery）
把花紋或圖畫繡到布料上的手工藝。

帝國（Empire）
由一名統治者或政府控制的大片區域與土地。

演化（Evolution）
演化是一種過程，讓原本簡單的生命形態隨著時間適應與變化，產生今天活在世上的無數生物。

滅絕（Extinction）
某物種最後一個成員死亡。

法西斯主義（Fascism）
這種政治信念是說，國家的強盛比人民的幸福重要。法西斯政府會使用暴力，統治者的權力也沒有限制。希特勒就是法西斯領導者。

化石燃料（Fossil Fuel）
埋在地下的古代動植物殘骸所形成的燃料。煤炭、天然氣與石油都是例子。

象形文字（Hieroglyph）
代表書寫系統裡文字的圖像或符號。古埃及就是使用象形文字。

印度教（Hinduism）
世界上最古老的主要宗教，可追溯回3,000年前。印度教崇拜許多神祇，相信人的靈魂在死後會重生。

冰河期（Ice Age）
地表與大氣層氣溫下降的時期，這時期大量冰河覆蓋著地球的大片區域。地球史上曾發生過幾次冰河期，最近一次是在一萬年前結束。

工業革命（Industrial Revolution）
指歐美18世紀晚期到19世紀中期的這段期間，人們從鄉下移居到城市，生產物品的過程也從手工製作改為工廠生產。

灌溉（Irrigation）
把水引入農田的過程，以幫助農作物生長。

伊斯蘭（Islam）
世界最大宗教之一，遵循《可蘭經》的教導。伊斯蘭信徒稱為穆斯林，做禮拜的地方稱為清真寺。

微生物（Microbe）
數量多到難以估計的微小生物，包括細菌、藻類、黴菌與病毒。多數對於地球的生命而言是不可或缺的。

遊牧人民（Nomad）
在各地遷移，而不是定居在某處（例如某城鎮）的人。

朝聖者（Pilgrim）
出於宗教上的動機，前往另一個國家或特定地點的人。

瘟疫（Plague）
細菌造成的致命疾病。黑死病是指14世紀在歐亞爆發的瘟疫，造成兩億人死亡。

新教（Protestantism）
基督教的一個派別，依循聖經的信念。最早的新教徒教會是在16世紀成立，想與天主教教會分離。這項行動稱為宗教改革。

文藝復興（Renaissance）
這詞彙是源自於法文的「再生」，指的是14到16世紀歐洲的一段時期。在這時期興起了自由思考，藝術與科學也出現長足的進步。

革命（Revolution）
是指事情的發展與掌權者突然改變，通常是因為一群人民群起反抗而發生。舉例來說，在18世紀，法國與美國都發生過重大革命。

種族隔離（Segregation）
把不同族群的人分開。通常來說，這代表某一族群會受到不公平的對待或歧視。

女性參政權（Suffrage）
也就是投票權。在歷史上，許多社會只有某些人可以投票。因此在20世紀初期，世界各地有許多女性奮鬥多年，以爭取投票權。

稅（Tax）
平民百姓交給政府或統治者的錢。稅通常是用來讓政府有經費，支付某些事情（例如學校或警力），或設法改變人的行為（例如阻止人民吃不健康的食物）。

本書與108課綱社會領域學習內容對應表

內容整理/ 小漫遊編輯室

國民小學教育階段中年級（3～4年級）

課綱主題	跨科概念	能力指標編碼及主要內容	本書對應內容
A.互動與關聯	a.個人與群體	Aa-II-2 不同群體（可包括年齡、性別、族群、階層、職業、區域或身心特質等）應受到理解、尊重與保護，並避免偏見。	奴隸交易：P105 性別種族平權：P108 女性投票權：P109 美國民權法案：P117
	b.人與環境	Ab-II-1 居民的生活方式與空間利用，和其居住地方的自然、人文環境相互影響。	蘇美文明：P15 奧爾梅克文明：P26 復活島：P68
		Ab-II-2 自然環境會影響經濟的發展，經濟的發展也會改變自然環境。	溫室氣體：P120
	d.生產與消費	Ad-II-1 個人透過參與各行各業的經濟活動，與他人形成分工合作的關係。	印加農夫：P82
	e.科技與社會	Ae-II-1 人類為了解決生活需求或滿足好奇心，進行科學和技術的研發，從而改變自然環境與人們的生活。	早期人類行為的發展歷程：P14 中國遠古發明：P57 印刷術：P75 顯微鏡與望遠鏡：P87 工業革命：P101 智慧型手機：P119
	f.全球關連	Af-II-1 不同文化的接觸和交流，可能產生衝突、合作和創新，並影響在地的生活與文化。	歐洲海外殖民：P89
C.變遷與因果	b.歷史的變遷	Cb-II-1 居住地方不同時代的重要人物、事件與文物古蹟，可以反映當地的歷史變遷。	古文明文物：P24 古希臘文物：P28-29 龐貝：P42-43 蒙兀兒細密畫：P86 聖索菲亞大教堂：P49
	c.社會的變遷	Cc-II-1 各地居民的生活與工作方式會隨著社會變遷而改變。	工業革命：P101

國民小學教育階段高年級（5~6年級）

課綱主題	跨科概念	能力指標編碼及主要內容	本書對應內容
A.互動與關聯	a.個人與群體	Aa-III-2 規範（可包括習俗、道德、宗教或法律等）能導引個人與群體行為，並維持社會秩序與運作。	英國大憲章：P65 海盜的規範：P95
	b.人與環境	Ab-III-2 交通運輸與產業發展會影響城鄉與區域間的人口遷移及連結互動。	絲路：P44-45 工業革命：P101
		Ab-III-3 自然環境、自然災害及經濟活動，和生活空間的使用有關聯性。	新喀里多尼亞：P19
	e.科技與社會	Ae-III-1 科學和技術發展對自然與人文環境具有不同層面的影響。	工業革命：P101 智慧型手機：P119
		Ae-III-2 科學和技術的發展與人類的價值、信仰與態度會相互影響。	中國遠古發明：P57 印刷術：P75 顯微鏡與望遠鏡：P87 伽利略：P90

課綱主題	跨科概念	能力指標編碼及主要內容	本書對應內容
A.互動與關聯	f.全球關連	Af-III-1 為了確保基本人權、維護生態環境的永續發展，全球須共同關心許多議題。	溫室氣體：P120
		Af-III-2 國際間因利益競爭而造成衝突、對立與結盟。	二戰結盟勢力：P114
B.差異與多元	c.社會與文化的差異	Bc-III-2 權力不平等與資源分配不均，會造成個人或群體間的差別待遇。	奴隸交易：P105 美國民權法案：P117
C.變遷與因果	a.環境的變遷	Ca-III-1 都市化與工業化會改變環境，也會引發環境問題。	溫室氣體：P120
	e.經濟的變遷	Ce-III-1 經濟型態的變遷會影響人們的生活。	工業革命：P101
		Ce-III-2 在經濟發展過程中，資源的使用會產生意義與價值的轉變，但也可能引發爭議。	化石燃料：P120
D.選擇與責任	a.價值的選擇	Da-III-1 依據需求與價值觀做選擇時，須評估風險、結果及承擔責任，且不應侵害他人福祉或正當權益。	哈莉特．塔布曼：P104

國民中學教育階段（7~9年級）歷史

課綱主題	跨科概念	能力指標編碼及主要內容	本書對應內容
A.歷史的基礎觀念		歷A-IV-1 紀年與分期。	西元前與西元：P7 中世紀：P47 近代、現代：P79
H.從古典到傳統時代	a.政治、社會與文化的變遷、差異與互動	歷Ha-IV-1 商周至隋唐時期國家與社會的重要變遷。	秦始皇：P35、P36 武則天：P56
		歷Ha-IV-2 商周至隋唐時期民族與文化的互動。	絲路：P44-45
	b.區域內外的互動與交流	歷Hb-IV-1 宋、元時期的國際互動。	蒙古帝國：P66 15世紀地圖：P76-77
I.從傳統到現代	a.東亞世界的延續與變遷	歷Ia-IV-1 明、清時期東亞世界的變動。	蒙兀兒帝國：P86 江戶時代：P102
		歷Ia-IV-2 明、清時期東亞世界的商貿與文化交流。	日本鎖國：P100
	c.社會文化的調適與變遷	歷Ic-IV-2 家族與婦女角色的轉變。	女性投票權：P109 凱薩琳．強森：P116
N.古代文化的遺產	a.多元並立的古代文化	歷Na-IV-1 非洲與西亞的早期文化。	蘇美文明：P15 古埃及文明：P20-21
		歷Na-IV-2 希臘、羅馬的政治及文化。	希臘：P28-34 羅馬：P35、40-43 拜占庭帝國：P48
	b.普世宗教的起源與發展	歷Nb-IV-1 佛教的起源與發展。	唐朝：P56 佛教：P59、60
		歷Nb-IV-2 基督教的起源與發展。	聖索菲亞大教堂：P49 伊莉莎白一世：P84
		歷Nb-IV-3 伊斯蘭教的起源與發展。	伊斯蘭與穆斯林學者：P59、64

課綱主題	跨科概念	能力指標編碼及主要內容	本書對應內容
O.近代世界的變革	a.近代歐洲的興起	歷Oa-IV-1 文藝復興。	文藝復興：P80-81 莎士比亞劇場：P85
		歷Oa-IV-3 科學革命與啟蒙運動。	伽利略：P90 牛頓：P92-93
	b.多元世界的互動	歷Ob-IV-1 歐洲的海外擴張與傳教。	哥倫布：P78 歐洲海外殖民：P87-89、99
		歷Ob-IV-2 美洲和澳洲的政治與文化。	澳洲：P99 美國內戰：P100
Q.現代世界的發展	a.現代國家的建立	歷Qa-IV-1 美國獨立與法國大革命。	法國大革命：P98
		歷Qa-IV-2 工業革命與社會變遷。	工業革命：P100-101
	b.帝國主義的興起與影響	歷Qb-IV-3 第一次世界大戰。	第一次世界大戰：P108、P110-111
	c.戰爭與現代社會	歷Qc-IV-2 第二次世界大戰。	第二次世界大戰：P108、114-115
		歷Qc-IV-3 從兩極到多元的戰後世界。	美蘇太空競賽：P118

課綱主題	跨科概念	能力指標編碼及主要內容	本書對應內容
B.區域特色	a.中國（一）	地Ba-IV-3人口成長、人口遷移與文化擴散。	絲路：P44-45
	c.大洋洲與兩極地區	地Bc-IV-1自然環境與資源。	新喀里多尼亞：P19
	f.西亞與北非	地Bf-IV-1自然環境與資源。	美索不達米亞：P15

國民中學教育階段（7~9年級）公民與社會

課綱主題	跨科概念	能力指標編碼及主要內容	本書對應內容
A.公民身分認同及社群	d.人性尊嚴與普世人權	公Ad-IV-2　為什麼人權應超越國籍、種族、族群、區域、文化、性別、性傾向與身心障礙等界限，受到普遍性的保障？	女性投票權：P109 凱薩琳．強森：P116 美國民權法案：P117
D.民主社會的理想及現實	b.社會安全	公Db-IV-1 個人的基本生活受到保障，和人性尊嚴及選擇自由有什麼關聯？	美國民權法案：P117
	c.多元文化	公Dc-IV-2 不同語言與文化之間在哪些情況下會產生位階和不平等的現象？為什麼？	奴隸交易：P105
	e.科技發展	公De-IV-1 科技發展如何改變我們的日常生活？	早期人類行為的發展歷程：P14 工業革命：P101 19世紀科技：P107 智慧型手機：P119

【爆笑萌科學 2】

不可思議的人類生活：

穴居人、木乃伊埃及貓、象龜……可愛角色帶你穿梭古今遊歷 33 國文明

A Day in the Life of a Caveman, a Queen and Everything In Between

作者 麥可・巴菲爾德（Mike Barfield）
繪者 潔斯・布萊德利（Jess Bradley）
譯者 呂奕欣
封面設計 巫麗雪
內頁構成 陳姿秀
課綱對應表整理 小漫遊編輯室
行銷企劃 劉旂佑
行銷統籌 駱漢琦
業務發行 邱紹溢
營運顧問 郭其彬
童書顧問 張文婷
第四編輯室
副總編輯 張貝雯

出版 小漫遊文化／漫遊者文化事業股份有限公司
地址 台北市103大同區重慶北路二段88號2樓之6
電話 (02) 2715-2022
傳真 (02) 2715-2021
服務信箱 service@azothbooks.com
網路書店 www.azothbooks.com
臉書 www.facebook.com/azothbooks.read

服務平台 大雁出版基地
地址 新北市231新店區北新路三段207-3號5樓
書店經銷 聯寶國際文化事業有限公司
電話 (02)2695-4083
訂單傳真 (02)2695-4087
初版一刷 2024年2月
定價 台幣350元（平裝）

ISBN 978-626-98209-3-1

國家圖書館出版品預行編目 (CIP) 資料

不可思議的人類生活：穴居人、木乃伊埃及貓、象龜...... 可愛角色帶你穿梭古今遊歷33 國文明/ 麥可. 巴菲爾德(Mike Barfield), 潔斯. 布萊德利(Jess Bradley) 著 ; 呂奕欣譯. -- 初版. -- 臺北市 : 小漫遊文化, 漫遊者文化事業股份有限公司, 2024.02
面； 公分. -- (爆笑萌科學 ; 2)
譯自 : A Day in the Life of a Caveman, a Queen and Everything in Between
ISBN 978-626-98209-3-1(平裝)
1.CST: 世界史 2.CST: 文明史 3.CST: 漫畫
711 112022289